行校企融合——高职电梯专业育人生态构建探索与实践

楼晓春　郭伟刚　著

北京理工大学出版社
BEIJING INSTITUTE OF TECHNOLOGY PRESS

版权专有　侵权必究

图书在版编目（CIP）数据

行校企融合：高职电梯专业育人生态构建探索与实践／楼晓春，郭伟刚著．－－北京：北京理工大学出版社，2022.6

ISBN 978－7－5763－1454－0

Ⅰ．①行…　Ⅱ．①楼…②郭…　Ⅲ．①高等职业教育－电梯－专业人才－人才培养－研究　Ⅳ．①TU857

中国版本图书馆 CIP 数据核字（2022）第 111943 号

出版发行　／　北京理工大学出版社有限责任公司
社　　址　／　北京市海淀区中关村南大街 5 号
邮　　编　／　100081
电　　话　／　（010）68914775（总编室）
　　　　　　　（010）82562903（教材售后服务热线）
　　　　　　　（010）68944723（其他图书服务热线）
网　　址　／　http：//www.bitpress.com.cn
经　　销　／　全国各地新华书店
印　　刷　／　三河市华骏印务包装有限公司
开　　本　／　787 毫米×1092 毫米　1/16
印　　张　／　10.25　　　　　　　　　　　　　　　　责任编辑／时京京
字　　数　／　240 千字　　　　　　　　　　　　　　　文案编辑／时京京
版　　次　／　2022 年 6 月第 1 版　2022 年 6 月第 1 次印刷　责任校对／刘亚男
定　　价　／　55.00 元　　　　　　　　　　　　　　　责任印制／施胜娟

图书出现印装质量问题，请拨打售后服务热线，本社负责调换

绪论 INTRODUCTION

20世纪80年代，电梯开始进入中国市场，随着城市化进程的发展，中国已然成为世界上最大的电梯生产国和消费国，电梯产量和保有量全球第一。"治国有常，而利民为本"，美好生活离不开电梯，电梯事关公共安全。随着我国经济快速增长和城镇化的发展，电梯产业呈现出井喷式发展状况，而高素质电梯技术技能人才的严重紧缺成为制约产业发展的瓶颈。电梯类专业面向特种设备行业，行业有法律强制持证上岗限制，且电梯企业之间技术排他性强，这些成为电梯类技术技能人才培养痛点。

目前，高职电梯类技术技能人才培养多以学校单一主体育人或以订单班、现代学徒制等形式的学校与企业双方合作育人为主。这种传统的单元或双元育人模式缺乏一定的行业属性，产教融合不够深入，长效的产教融合运行机制与多方协同育人机制尚未建立，校企合作在管理运行上常有不畅。如何构建和完善适合产业需求的高素质电梯技术技能人才可持续发展的"生态"体系？行业、企业和政府在构建和完善高素质电梯技术技能人才可持续发展的"生态"体系中如何发挥作用？鉴于此，笔者撰写了本著作。

本著作从高职电梯专业育人生态的内涵说起，在分析当前高职电梯专业育人模式与困境的基础上，以杭州职业技术学院作为典型案例进行分析，着重从创新机制、育训合一、科技引领、标准先行、师资共育、辐射带动、三全育人等七个方面，详细介绍了行校企打造育人共同体、共建产业学院、共建产业研究院、共同开发标准、共同开展教学、主动服务社会、共推文化育人等方面的实践经验，以构建高职电梯类技术技能人才培养生态体系，迅速且高效地打通电梯人才成长通道，以成为解决高素质电梯技术技能人才严重紧缺的支撑体系。

由于笔者能力有限，编写过程中存在疏漏与不足在所难免，敬请读者批评指正。

目录 CONTENTS

第一章　高职电梯专业育人生态概述 ……………………………………………… 1

　　第一节　内涵探析：高职电梯专业育人生态学理阐释 …………………… 1
　　第二节　建设现状：高职电梯专业育人现状 ……………………………… 11
　　第三节　应然路径：高职电梯专业育人的现实诉求 ……………………… 16

第二章　创新机制　行校企打造育人共同体 …………………………………… 19

　　第一节　行校企育人共同体的形成动因 …………………………………… 19
　　第二节　行校企育人共同体创建与发展历程 ……………………………… 23
　　第三节　行校企育人共同体的运行与建设 ………………………………… 29

第三章　育训合一 行校企共建产业学院 ………………………………………… 35

　　第一节　三链对接，打造高水平专业群 …………………………………… 35
　　第二节　育训合一，形成育训互通的育人格局 …………………………… 41

第四章　协同创新　行校企共筑技术技能创新服务平台 ……………………… 44

　　第一节　高职院校构建技术技能创新服务平台的背景与现状 …………… 44
　　第二节　高职院校的技术技能创新服务平台建设难题分析 ……………… 46
　　第三节　电梯专业打造技术技能创新服务平台的做法与成效 …………… 49

第五章　标准引领融入教学，增强电梯专业育人适应性 ……………………… 55

　　第一节　电梯专业参与标准制定的动因分析 ……………………………… 56

第二节　电梯专业参与标准研制的主要做法 59
　　第三节　电梯专业参与标准研制的实践成效 61

第六章　师资共育　行校企共同开展教学 64

　　第一节　行校企师资融合，共建高水平师资队伍 64
　　第二节　政行校企共建标准，推进教学改革 67
　　第三节　行校企协同育人，创新电梯职业教学案例 68

第七章　辐射带动　行校企主动服务社会 88

　　第一节　发挥行校企融合优势　提升社会服务能力 88
　　第二节　行校企协同服务　保障城市公共安全 91
　　第三节　创新精准扶贫"杭职模式"锻造职教助力脱贫攻坚先锋 95

第八章　三全育人　行校企共推文化育人 100

　　第一节　行校企共推文化育人运行机制构建 100
　　第二节　行校企共推文化育人实践探索 102

杭州职业技术学院2021级电梯工程技术专业人才培养方案 116

"痛"并快乐着：一名企业兼职教师蝶变成长之路 138

星火漫天，温暖同行：践行精准扶贫战略电梯项目纪实 141

"学院+工坊+学堂"：打造电梯职业教育国际化品牌 144

砥砺技能成匠才，高端就业受青睐 ·· 147

以赛育才，让每个孩子都有人生出彩的机会 ·································· 149

后 记 ··· 152

参考文献 ··· 153

第一章 高职电梯专业育人生态概述

第一节 内涵探析：高职电梯专业育人生态学理阐释

一、概念界定

（一）生态

生态（Ecology）一词源于古希腊语"oikos"，原意指"住所"或"栖息地"，有"家"或者"环境"的意思。一般认为，"生态"这一概念是伴随着近代生物学的发展而产生的，同生态学这门学科一起诞生。生态学最早研究生物个体，逐渐发展到在种群、群落的水平上阐述生物变化与环境的关系。直到美国著名生态学家奥德姆（E. P. Odum）提出"生态学是研究生态系统的结构和功能的科学"，生态学的研究对象从动物与环境的关系跃升到生态系统，① 使生态学研究的深度与广度得到极大提升。随着研究的持续深入，生态学逐渐吸收其他学科的理论、方法和先进的科学技术，融合其他学科的最新研究成果，开始向其他学科领域延伸。最早将生态学的原理与方法运用于人类社会问题研究的是以帕克（Park，R. E）和伯吉斯（Burgess，E. W.）等人为代表的芝加哥学派的学者们。② 1921 年，帕克和伯吉斯在其所著的《社会科学导论》一书中首次提出人类生态学的概念。1923 年，麦肯齐（Mackenzie，R. D.）在《人类社区研究的生态学方法》一书中进行了进一步的阐述与运用。由此为起点，人们开始运用生态学的原理和方法研究人类生活和人类社会发展中的各种问题。1962 年，美国生物学家蕾切尔·卡逊将生态学的概念进行了升华，③ 由最初研究动物与无机环境之间的关系，拓展到研究人类与自然环境乃至社会环境之间的关系及相互作用上，生态理论突破了自然环境的范围，提升到探讨人与自然、人与社会的关系中，丰富与扩展了研究对象。

---

① 朱德全，杨鸿副. 教学研究方法论［M］. 北京：人民教育出版社，2012.12.
② 范国睿. 教育生态学［M］. 北京：人民教育出版社，2014.04.
③ 1962 年，美国生物学家蕾切尔·卡逊的《寂静的春天》出版。书中指出：人类一方面在创造高度文明，另一方面又在毁灭自己的文明。环境问题如不解决，人类将"生活在幸福的坟墓之中"。《寂静的春天》是世界上第一本将环保作为主题的科普图书，一经问世，在全球范围内引发了一场关于发展观问题的大讨论，揭开了"生态学时代的序幕"。

如今,"生态"一词使用频率高,涉及的范畴越来越广。在《现代汉语词典》中,生态一词是指生物在一定的自然环境下生存和发展的状态,也指生物的生理特性和生活习性。从语词学的角度来看,"生态"可作形容词,也可作为名词来理解。在形容词意义上,"生态"是指具有生物生理特性的,有利于生物体生存的,如在"生态食品""生态中国""生态旅游"等词汇中;在名词意义上,"生态"是指生物(包括人类在内)与其所处自然环境或社会环境之间的相互关系,如在"自然生态""社会生态""教育生态"等词汇中。可见,"生态"与生命、生存、生产关系密切,且具有整体性、循环性、区域性、开放性等特征。

(二) 生态系统

生态系统(Ecosystem)是生态学最主要的研究对象。生态系统的概念最早是由英国生态学家坦斯利(Tansley, A. G.)于1935年提出的。他认为:"生态系统的基本概念是物理学上使用的'系统'整体。这个完整的系统既包括生物复合体,又包括环境中的全部物理要素,两者共同形成一个有机整体,构成地球表面上自然界的基本单位。"[①] 综合国内外关于"生态系统"的研究成果,界定"生态系统"主要是指在一定区域范围内,全部生物与其环境之间,借助能量流动、物质循环和信息传递而形成的相互联系、相互影响、相互依存的统一整体;这个整体是一个具有自我调节能力的复合体,在一定时期内处于相对稳定的动态平衡状态。

生态系统作为一种"系统"而存在,它具有系统的共同特征。

一是整体性。构成一个特定系统的元素是一个有机的、不可分割的整体,每个要素只有在特定系统中才能发挥或保持原有的性质、特征和作用;一旦脱离整体,其原有功能将无法保持。同时,整体功能大于各部分功能之和,并不是各子要素的功能累加。

二是结构层次性。系统由各要素组成,各要素与各子系统之间又存在横向和纵向的联系。一方面,每个系统由各子系统构成,每个子系统又由其具体的元素构成,构成系统的元素都具有无限可分性,每种元素由它的下一层诸元素构成,层层下移,体现出系统的纵向结构性。另一方面,各组成元素、各子系统在横向关联上存在密切关系,彼此之间相互作用,以某种特定组合样式的网络关系和一定的数量关系呈现出来,表现出系统的横向关联性。

三是相对稳定性。系统的运动是绝对的,但可以在一定时间内保持相对稳定。在自然系统中,由于各种生物都具有主动适应的生物学特性,自组织和自律性较强。在社会系统中,合理的人类组织和调节可以增强其结构功能的相对稳定性。

四是开放变异性。生态系统都是不同程度的开放系统,不断地从外界输入能量和物质,经过转换输出,从而维持系统的有序状态。系统在旧平衡不断被打破与新平衡不断被建立的过程中而处于不断的运动之中。生态系统是一个你中有我、我中有你、相互影响、共生共赢的开放系统。

(三) 高职电梯专业育人生态

从生态学的立场和视角出发,人才培养其实是一个生态发展的过程。1966年,英国教育理论研究者阿什比首次提出"高等教育生态学"的观点,开创了用生态学原理和方法研究高

---

① 马传栋. 生态经济学 [M]. 济南:山东人民出版社,1986.05.

等教育的先河。1976年，美国教育家劳伦斯·克雷明（Lawrence Creming）率先提出了"教育生态学"概念。他认为，教育生态学的内核是依据生态学的原理，特别是生态系统、生态平衡和协同进化等原理与机制，研究各种教育现象及其成因，进而掌握教育发展规律，揭示教育的发展趋势和方向。① 教育生态系统是由教育的生态主体和生态环境组成的复合多元的整体系统。② 职业教育作为一种教育类型，职业教育生态系统是教育生态系统的一个子系统。在职业教育生态系统中，根据不同层次、不同专业，还可细分成不同的育人生态系统。高职电梯专业育人生态系统便是其中一种，它具有教育生态系统的一般性特点，同时具有其独特性。

以生态学原理为依据，运用生态系统和生态平衡理论研究高职人才培养方法、途径，揭示高职人才培养运行规律，构建高职人才培养生态，是解决高职人才培养问题、优化人才培养结构、促进人才培养可持续发展的新思路。由于职业教育肩负着培养高素质技术技能人才的重要职责，更突出人才培养的技术性和职业针对性。在高职电梯专业育人生态系统中，生态主体除了传统的教育者学校、受教育者学生之外，行业、企业的育人主体作用更加凸显；与生态主体密切相关的生态环境主要是人才培养活动发生、发展存在相关的外部环境。育人生态系统中各要素之间借助人员流动、能量流动、物质循环、信息传递和价值流动而相互联系、相互制约、彼此适应，达到整体上的和谐共生、过程中的动态平衡，高职电梯专业人才培养便呈现可持续发展样态。

"校企合作，产教融合"作为职教共同体的具体形态和必然选择，已逐步发展成为职业教育人才培养新价值取向。在此发展趋势下，将行业协会的参与纳入职业教育的人才培养体系当中，构建"行企校共同体"人才培养生态，是发展职业教育的重要推动力，也是类型特征下职业教育发展的必由之路。杭州职业技术学院电梯专业打造"行企校共同体"育人生态，合作育人模式从依托企业走向拥抱行业，从单体合作发展成链式生态协作，构建人才培养新样态，对职业教育改革进行了新的尝试，提供了一个系统的解决方案，积累了一些成功经验。

二、理论来源

（一）教育生态学主要观点

教育生态学是教育研究中的一种综合性的交叉理论。"生态"一词原多应用于自然学科，强调的是动物与其生存环境的全部关系。随着社会发展，"生态"被应用到社会发展的方方面面，主要关注的是一组要素之间健康、平衡的状态。1976年劳伦斯·克雷明的著作《公共教育》一书中，提出教育生态学的概念，将生态学的研究方法引入到教育研究中。③

教育生态学通过研究教育和影响教育相关机构的相互关系中，发现教育规律提高教育效率。劳伦斯指出"教育生态即把各种教育机构与机构置于彼此联系，以及与维持它们并受它们影响的更广泛的社会关系之间的联系中加以审视"④。把教育看作一个完整的生态系统，教育

---

① [美] 劳伦斯·A. 克雷明. 公共教育 [M]. 宇文利，译. 北京：中国人民大学出版社，2016.
② 吴林富. 教育生态系统 [M]. 天津：天津教育出版社，2006.
③ 楼晓春，马亿前，陶勇. "行校企共同体"电梯类技术技能人才培养生态构建研究 [J]. 中国职业技术教育，2022 (10)：88-92.
④ L. A. Cremin. Public Education [M]. New York: Basic Books, 1976: 31-35.

内部各要素主体组成内部生态系统，包括教师、学生、行政工勤人员等，与教育相关的环境属于外部生态系统，包含的主体包括政府、企业、学生家长、社区人员以及其他利益主体等。

在教育生态系统的运行蕴含着一系列的基本原理。学者吴鼎福等人的研究，将这些基本原理分为内外两个系列。其中，内部基本原理包括教育生态位原理、限制因子规律、教育节律、教育生态链法则、教育生态的边缘效应等；教育与外部生态环境之间的关系原理则包括教育生态的平衡与失调、竞争机制与协同进化、教育生态的良性循环等①。其中，有几个核心原理对本研究的启发性较大。

"生态位"是一个教育组织或主体对象在教育生态系统中的独特定位。在教育生态系统中，所有的生态主体都是不可或缺的组成部分，各自承担着独特的角色使命。不同生态位的主体，能够利用相应的生态条件和资源，对教育生态的平衡发挥一定的作用。生态位中的主体活动要遵循4个原则：第一，应自觉地在适合自己能力、个性和优势的环境中寻求发展；第二，应自觉地按照自己的需求、能力、个性寻求发展；第三，应按照不同的目标和方向寻求发展；第四，应从事一些力所能及的事业。这为教育生态中各主体的定位和运行提供了理论指导。

教育生态是靠教育主体之间相互作用形成的共生链。在教育这个生态链中，有由学生、教师、家长组成的以人为主的小生态链。更有以学校、家庭、社会和国家组成的教育生态链。根据教育生态链法则，生态链中的各个主体既要站好自己的定位，更要做好相互之间的配合。生态链中任何一个主体的缺失、功能失调都会造成整个教育生态的失衡或者退化。

教育的生态平衡是教育生态理论的核心问题之一。教育生态系统能够长期保持其结构和功能的相对稳定性，这种稳定性并不是一成不变的，而是一种动态的平衡。教育生态的稳定性是依据社会对各类教育的需求和教育系统自身发展，不断打破旧平衡、建立新平衡的过程。需要注意的是，因为教育效果的滞后性，教育生态的失衡在很长一段时间不会直接显现，而是处于隐性状态，这种隐性的失衡带来的后果也是不容小觑的。因而，在教育生态中，人们需要运用一些合理的检测方法，去发现教育生态平衡的真实情况，以便及时做出调整。

协同进化理论是教育生态实现动态平衡的基础。生态系统各组成主体之间相互影响，当一个主体发生变化时，与之相关的主体也将发生与之相适应的调整，来实现生态系统的平衡，这就是协同进化的过程。教育生态系统中，各个主体之间自主发展，又相互影响，是一个协同进化的共生系统。

（二）教育生态学理论关照

1. 职业教育人才培养的生态位

生态位是主体在生态系统中的独特定位，在生物群落或生态系统中，每一个物种都拥有自己的角色和地位，即占据一定的空间，发挥一定的功能。在教育生态中，不同生态位的主体，能够利用相应的生态条件和资源，对教育生态的平衡发挥一定的作用。作为职业教育类型中的高等教育层次，高职电梯类专业培养定位在于为产业发展培养高素质技术技能人才。基于此生态位定位，职业教育应有效选择与合理配置各种资源因子，以实现职业教育内外环境的动态平衡，使职业教育获得长期、稳定和持续的发展，保持竞争优势。②

---

① 吴鼎福，诸文蔚. 教育生态学［M］. 南京：江苏教育出版社，1995：58-60.
② 刘玉萍，吴南中. 职业教育生态化治理：价值内蕴与路径选择［J］. 教育学术月刊，2019（7）：13-20.

2. 职业教育生态链的产教融合特点

职业教育作为一种教育类型，其生态链的本质是教育，核心是职业。《关于深化产教融合的若干意见》《国家职业教育改革实施方案》等系列国家文件均强调职业教育的发展和建设以产教融合和校企合作为导向，通过政策指导来推动职业教育生态链的优化，促进教育链、人才链与产业链、创新链有机衔接。优化职业教育产教融合、合作育人，需要搭建更清晰的合作平台，在明确各方权责利的条件下，将各方的合作与共享落实在内涵建设的更深层次上，如人才培养目标确定、人才培养过程以及产业技术发展革新等方面；通过构建教育链和产业链的关键环节有机衔接和深度嵌入机制，促进管理、技术、人才、设备、资本和营销等优势资源互补与共享利用，实现技术发明、产业发展和创新人才培养的协同发展，形成行业企业积极参与人才培养、学校主动承担区域创新引擎责任的良性互动格局。[①]

3. 职业教育生态链的动态调整机制

根据教育生态链的动态平衡和协同进化理论，教育生态链中一个主体或环节的变化，都将要求与之相关的环节主体，做出相应的调整。在当前经济社会快速发展的形势下，产业结构的调整、产业升级以及产业技术的发展演变都在快速上演。职业教育的专业结构和教学内容也都要随之做出调整。在校企合作平台的建立中，除落实各方的职责外，还要建立产业发展水平与专业结构和专业教学协调发展的机制，保障专业人才培养的质量，提高职业教育服务产业和区域的能力，才能保障职教生态链的动态平衡。[②]

三、国内外研究综述

（一）国内研究现状

在CNKI数据库，用"高职教育""育人生态""人才培养""高职电梯专业"为主题词对研究成果进行检索，研究主要集中在以"高职教育""育人生态"为中心的理论研究和以"产教融合""人才培养"为中心的实践研究，较少有对"高职电梯专业育人生态"的直接研究。对检索获得的文献进行梳理，根据文献与本研究主题的相关程度、被引次数、影响力等因素，进行筛选，对文献进行内容分析。总体而言，理论研究主要集中在职业教育育人生态的学理基础、应然状态以及实际困境等方面。实践研究主要是不同学校在构建育人生态方面的实践探索与经验归总。

1. 职业教育育人生态学理研究方面

刘贵华[③]等提出，许多教育问题和现象难以用单一的因果关系或矛盾关系的原则进行恰当的解决，高等学校人才培养要坚持"系统观、平衡观、动态观和整体观"的生态理论观点。杨同毅[④]指出，高等学校是在一定的社会环境中进行人才培养，而且依赖于社会的物质、能量、信息输入而获得生存与发展，因此，社会需求与期望对高等学校的人才培养具有

[①] 李浩平，尚俊茹，张坤，等. 职业教育生态系统重塑中的校友企业社会责任嵌入研究 [J]. 中国职业技术教育，2020（36）：86-91.
[②] 全守杰，王运来. 香港高等教育生态系统的结构及特征研究 [J]. 高校教育管理，2017，11（6）：117-124.
[③] 刘贵华，朱小蔓. 试论生态学对于教育研究的适切性 [J]. 教育研究，2007（7）.
[④] 杨同毅. 高等学校人才培养质量的生态学解析 [D]. 华中科技大学，2010.

导向作用。余珊珊[①]认为，引入生态学的观点，有助于突破人类中心主义的固念，从整体性的高度来看待教育与教育环境之间的关系。吴林富[②]认为，教育生态系统是由教育的生态主体和生态环境组成的复合多元的整体系统。贺祖斌[③]认为，人（教育者和受教育者）在高等教育系统中占据主导地位，人是整个系统的核心要素，高等教育系统是以人（教育者和受教育者）为中心的生态系统；并且提出，高等教育系统内部出现种种问题的一个主要原因是高等教育系统的生态失衡，而生态失衡主要受制于系统与生态环境的交换关系、系统的架构与功能的平衡两个方面。史国君[④]指出，应用型学科专业因具有"学以致用"的特点，其人才培养更多地嵌入在与社会多元的联系与合作生态中。丁钢[⑤]认为，高职教育的生态发展要立足于生态位、生态链和生态化三个视角。何碧漪[⑥]指出，高职院校生态系统具备繁复性、区域性、演进性、稳定性、开放性、平衡性等六个基本特征。

2. 职业教育育人生态应然状态构想

韩香云[⑦]指出，我国高职校企协同大致经历了点式发展、平台式发展和生态圈发展这三个阶段；生态圈阶段校企之间形成了较长时期的战略协作意向，同时在双边发展战略、发展导向上实现深度价值认同，企业开始全面参与高职院校人才培养过程，"校企董事会""校企发展共同体"等组织开始涌现，双方在适应外部环境变化及催生自组织发展方面高度依赖，在发展战略决策、转型适应及信息共享互通等方面实现了紧密协作。戴海东[⑧]等提出，育人生态圈的构建要坚持"适应需求"为基础、"以生为本"为目标、"产研为用"为保障、"多元共荣"为动力的原则。孙兵[⑨]等指出，育训共同体是可持续、稳定、协调发展的现代职教综合生态体系，育训共同体的组建需要从组成要素、组织架构、运行机制、实现方法等多个方面进行综合分析和设置。史国君[⑩]指出，从教育生态学视角来看，专业生态是应用型人才培养的基础，产业生态结构是应用型人才培养的驱动力，两者以职业、企业、行业生态为中介体要素，形成"五业一体"的应用型人才培养生态链式结构。尚端武[⑪]指出，职业教育构建育人生态的价值主要有三个方面，是职业教育自我发展的需要、社会经济发展的内在需要、人力资源供给侧改革的客观需要，在育人生态中政府起统筹引领作用，高校需活跃主动，企业是关键主体。张志平[⑫]指出，产教融合2.0时代，校企合作从依托企业走向拥抱行业，从单体合作走向链式生态协作，迈向范围更加广泛、主体更加多元化的校企合作新

---

① 余珊珊. 西部地区高等教育结构的生态分析 [D]. 广西师范大学，2005.
② 吴林富. 教育生态系统 [M]. 天津：天津教育出版社，2006.
③ 贺祖斌. 高等教育生态论 [M]. 桂林：广西师范大学出版社，2005.
④⑩ 史国君. 构建"因业施教"应用型人才培养生态 [J]. 中国高校科技，2019（4）：56–59.
⑤ 丁钢. 论高职教育的生态发展 [J]. 高等教育研究，2014，35（5）：55–62.
⑥ 何碧漪. 基于生态视角的高职院校教育生态及其价值意蕴研究 [J]. 职业教育研究，2021（7）：60–64.
⑦ 韩香云. 生态系统视域下高职校企协同探索 [J]. 教育与职业，2016（24）：32–34.
⑧ 戴海东，张丽娜，陈传周. 产教融合视域下"多元融合多维互嵌"的数字安防人才培养生态圈研究与实践 [J]. 中国职业技术教育，2021（16）：90–93.
⑨ 孙兵，周启忠. 职业教育育训共同体的构建与实践探索 [J]. 江苏工程职业技术学院学报，2020，20（4）：79–85.
⑪ 尚端武. 产教融合视角下职业教育校企"双元"良性育人生态模式的内在价值及其"多链"分析 [A]//. 华南教育信息化研究经验交流会2021论文汇编（三）[C]. 2021：919–920.
⑫ 张志平. 职业教育产教融合2.0时代的内涵演进、应然追寻、实然状态与路径抉择 [J]. 成人教育，2022，42（3）：66–73.

格局。危浪①认为，随着校企合作深度加强，要以生态化的方式深入推进产教融合，走出一条政府引导、校企协同、行业指导、社会参与的融合发展之路，最终形成产教融合生态系统。

3. 职业教育育人生态现存困境

何碧漪②指出，高职院校教育生态系统中，由于社会和家长对高职教育存有偏见，评价和认可度不高，导致对高职院校的关注较少，社会资源投入偏少，外部限制因子制约着高职教育的健康发展。许秀林③指出，高职教育产教融合育人生态圈并未真正形成，育人生态圈中存在一种"非生态现象"，企业与高职院校在校企合作过程中尚未形成真正的对等平衡关系，尚未形成伙伴关系。危浪④通过对职业教育产教融合生态系统进行分析，提出企业的盈利属性、市场化运行机制与职业院校的公益属性、社会主义办学之间存在利益出发点的错位，政府作为推动者、引导者对产教融合国家战略的认知不到位、落地执行表面化，对职业院校和企业深化产教融合无法形成有效激励，参与主体之间存在利益冲突和博弈，使产教融合在实施过程中出现"融而不深"的困境。詹华山⑤指出，产教融合共同体构建进程中存在产教融合生态体系建设不完善、职教端与产业端的供需不匹配、职教端与产业端的资源不对等、产教融合人才培养体系的开放性不足的问题。产教融合存在的问题成为制约职业教育育人生态构建的关键问题。

4. 职业教育育人生态有益尝试

中山职业技术学院⑥与地方政府、电梯行业协会、区域主流电梯企业，一起成立了理事会形式的电梯产业学院，由政府提供办学场地，电梯行业协会负责规划指导和行业宣传，学校负责开设专业的整体投入，区域主流电梯企业提供产学研合作和校企合作教学支持，形成了专业与产业的良好对接，实现了多方参与、共同建设、协同育人办学体制机制的创新。此外，研究院、政府、学校、企业四方以混合所有制方式，成立电梯工程研究院，共同开展产学研活动，面向区域电梯企业、社会提供服务，四方协作构建职业教育线上线下教学资源协同开发中心，面向电梯行业，满足中高职院校、行业企业技能人才培养培训等教育教学需求。

江苏工程职业技术学院⑦秉持多方协同参与，共商、共建、共享的教育治理理念，遵循育训共同体范式，与同济大学中德职教联盟合作，联合地区职业院校以及地区主要产业的领军企业，共同组建成立了南通中德职业教育集团。职教集团由南通产教融合协同发展中心、南通中德学院、南通跨企业培训中心三大载体构成。南通产教融合协同发展中心承担产教融合连接器与育训结合连接器的功能，南通中德学院承担学历教育转换器的功能，南通跨企业培训中心承担职业培训转换器的功能。江苏工程职业技术学院育训共同体构建实践，促进了开放聚合的生态型教学组织重构，实现了从离散的阶段化人才培养向集成的系统化数字化全

---

① ④危浪. 职业教育深化产教融合的系统基模分析［J］. 湖南工业职业技术学院学报，2021，21（6）：98-101+127.

② 何碧漪. 基于生态视角的高职院校教育生态及其价值意蕴研究［J］. 职业教育研究，2021（7）：60-64.

③ 许秀林. 高职产教融合微型育人生态圈研究与实践［J］. 职业教育研究，2021（9）：25-29.

⑤ 詹华山. 新时期职业教育产教融合共同体的构建［J］. 教育与职业，2020（5）：5-12.

⑥ 肖伟平，张继涛，周庆华. 高职教育电梯专业人才培养体系的构建研究——以中山职业技术学院电梯学院办学实践为例［J］. 职业教育研究，2019（12）：51-57.

⑦ 孙兵，周启忠. 职业教育育训共同体的构建与实践探索［J］. 江苏工程职业技术学院学报，2020，20（4）：79-85.

周期人才培养与服务转化，促进学历教育与职业培训并重并举的现代职教体系建设，学校办学与地区产业转型发展的协同进化，职业教育与产业发展的同频共振，在推动职业教育持续高质量发展方面取得了一定的成效。

中山市专业镇特色产业职业教育集团[①]于2016年正式备案成立，以此为纽带和平台联合区域内行业、企业和职业院校在区域职教体系建设、高技能人才一体化培养等方面开展深度合作。到2020年，集团通过"政校企行"共建共享的方式，建设了5个产业学院，吸收了10个中职学校、7个本科院校、21个行业协会和27家核心企业加盟，在服务区域支柱产业转型升级、引导职业教育与产业同步发展、引领区域现代职业教育体系建设等方面起到了很好的示范作用。职教集团通过市、镇两级政府介入，引入行业、企业、研究院所和相关院校加盟等方式，以资金和资产为纽带把5个产业学院纳入运作实体，以制度加强"政校企"紧密合作，成立集团理事会（下设秘书处）、组建集团发展指导委员会、产业学院董事会或理事会以及专业群建设指导委员会，形成了"集团—产业学院—专业群"三级运作体系，使集团逐步由松散联盟型向紧密产权型发展，促进产业链—专业链—教学链的融合，推动高技能人才一体化培养和教育教学改革。

南通职业大学[②]建设产教融合微型育人生态圈的实践，将"点对点"线型校企合作组织改造为"一体多面"的网络型生态圈。以双链"嵌入式"融合为特征，一是将人才培养链嵌入产业利益链，为合作企业定向培养人才；二是将产业利益链嵌入人才培养链，与中等职业院校、企业共建学院，三方以校企合作为支撑，学历提升为目标，分层分类培养技术技能型人才。以企业用人需求为导向，产业学院根据企业实际用人需求，确立人才培养模式，制定人才培养方案，学生毕业后优先到定向企业就业。以文化融合为指引，人才培养过程中，注重文化融合的育人特色，通过课程和活动将企业命运和个人前途、企业精神和个人素质紧密联系起来。

成都纺织高等专科学校[③]根据电梯专业的生态环境搭建"人财物融通、产学研一体、师徒生互动"的"校企共同体"，设置电梯专业理事会、电梯专业建设指导委员会、人才培养方案修订专业组；建设学校、企业"双主体"育人平台；实行招生招工一体化；建设校企"双导师"教学团队；以企业需求为导向，实施专业改造和人才培养方案改革；校企联合制定课程标准、开发教学内容，共建活页式专业课教材；校企双元，"双场所"实施教学。事实证明，培养模式对提升电梯工程技术人员的岗位核心技能具有良好的促进作用。

浙江安防职业技术学院[④]在推进专业（群）的实训标准与行业生产标准的完美对接、解决生产实训场景不充分的问题上，通过联合创办产教融合型企业，做到"一专一公司"，实现了生态圈内多元主体"共育人才、共建基地、共享成果"的目标。

[①] 马电，袁珊娜. 职业教育集团平台下政校企行共建产业学院研究——以中山市专业镇特色产业职业教育集团为例［J］. 南宁职业技术学院学报，2021，29（2）：27-31.

[②] 许秀林. 高职产教融合微型育人生态圈研究与实践［J］. 职业教育研究，2021（9）：25-29.

[③] 罗纲，朱霞，付学敏，曹选平. 高职电梯工程技术专业现代学徒制实施方案——以成都纺织高等专科学校为例［J］. 中国电梯，2021，32（22）：67-69.

[④] 戴海东，张丽娜，陈传周. 产教融合视域下"多元融合多维互嵌"的数字安防人才培养生态圈研究与实践［J］. 中国职业技术教育，2021（16）：90-93.

湖南电气职业技术学院①与电梯企业合作，成立校企利益共同体二级学院，在此平台基础上，与省内、外多家电梯企业建立人才培养合作关系，与研究院合作成立了培训基地，积极加入行业协会，形成了学院、企业、行业与政府四方互惠互利、协同发展的人才培养与社会服务模式。

苏州市职业大学②与苏州市质量技术监督局签订全面合作框架协议，重点推动电梯、标准化等专业优化设置和课程体系的建设，推进行业、企业等用人单位与苏州市职业大学电梯学院开展多方合作育人模式的探索。此外，苏州市职业大学与苏州市电梯业商会签约，校商合作共建"电梯学院"，围绕电梯产业发展，双方在人才培养、实训基地建设、企业培训、社会服务等方面创新合作思维与模式，开启"校商合作"人才共育新模式。校商共同把握电梯专业建设方向，共建"双师型"教师培养培训基地，联合开展人才培养。

（二）国外研究现状

职业教育在国外发展起步较早，世界上有许多国家在职业教育理论研究和实践探索方面处于领先地位。自 1966 年，英国教育理论研究者阿什比首次提出"高等教育生态学"的观点，开始运用生态学理论与方法研究高等教育。借鉴国外有效做法，吸纳国外先进经验对我国职业教育的发展具有助推作用。

1. 国外职业教育制度分析

国外职业教育很重视产教融合，促进产教融合是国家制定职业教育政策的核心目标。世界许多国家、行业重视企业在职业教育中的主体地位，如英国、法国、德国以立法的形式确定企业承担职业教育和培训的义务，法律强制保证了产业界与教育界之间的实质性合作。③《职业技术教育与培训》（世界银行的政策文件，1991 年）中提出了职业技术教育发展战略，文件强调，随着市场体制的完善、市场经济的发展，政府直接作为职业教育与培训提供者的作用应逐步淡化，要将兴办职业教育的职责逐步由政府转向企业，职业教育的主要办学模式由学校本位转变为企业本位。1997 年，德国政府制定了"职业技术教育改革计划"，重点鼓励企业参与。为了促进企业与学校的合作交流，欧盟、苏联、美国、韩国、日本等国家或地区通过制定政策引导企业与学校开展合作，同时政府为校企合作提供便利，鼓励企业参与职业教育和培训。④ 印度采取政府和企业公私合作的措施来改革职业教育与培训体系，以政府驱动企业的方式优化校企合作。⑤ 国家除了政策引导、参与驱动外，还注重利用经济政策手段使职业教育与培训过程的资金链正常运转，为职业教育产教融合政策的落地提供坚实的保障。此外，改革职业教育产教融合管理体制、建立联动工作机制、落实并细化多元主体在产教融合过程中的协调合作，也是国外职业教育政策制定的重要特征。

2. 德国职业教育

在职业教育办学实践方面，德国是世界职业教育的引领者。德国双元制职业教育范式对其他国家职业教育的发展产生了巨大影响，是被事实证明了的卓有成效的职业教育模式。双元制职业

---

① 马幸福. 对提升高职院校电梯工程技术专业社会服务职能的探索——以湖南电气职业技术学院为例 [J]. 中国电梯, 2018, 29 (20): 40-42.
② 张良, 朱学超, 刘旭. 高职院校电梯专业建设研究——以苏州市职业大学为例 [J]. 科技与创新, 2019 (15): 26-28.
③④⑤ 王羽菲, 祁占勇. 国外职业教育产教融合政策的基本特点与启示 [J]. 教育与职业, 2020 (23): 21-28.

教育是一种蕴含契约式分工合作精神的教育模式，学生分别在职业学校、企业和跨企业培训中心进行专业知识理论学习和岗位技能培训。① 在教育过程中，格外强调职业教育与社会需要的紧密结合，极为重视学生技能训练、实际操作锻炼，注重提高学生的动手能力和综合素质，确保学生具备企业和社会所需的技能。在数字化时代，德国职业教育同样面临着改革的压力。德国打造"职业教育4.0"概念，德国联邦政府和各州共同致力职业教育数字化建设，培养技术技能人才的职业技能和数字素养，推进数字化转型。② 制度层面，搭建法律政策框架，明确将职业教育列为数字化建设的重要领域，并加大对职业教育数字化建设的投入。实践层面，多主体参与数字化转型，国家加大职业学校数字化基础设施投入；职业学校将数字化融入教育教学过程，开发数字化教材和学习内容，加强教师数字化能力培养等；企业升级改造生产设备，对企业的培训师开展数字媒体能力培训；学徒在企业进行数字化技能培训。德国联邦教育与研究部支持运用人工智能机器人、互动式平板电脑等数字媒体，模拟数字化劳动和工作过程，对学徒进行现代化技能培训。

3. 法国职业教育

法国职业教育突出职业导向功能，强调对学生能力和个人资源的开发，引领学生积极参与就业训练，找到自己未来的就业方向；重视实用性，职业教育的目标是使学生能够选择一个适合自己的职业，并且在职业生活中能胜任和高效地工作，如果可能的话，还能成就一番事业。法国职业教育有三条主要途径，一是在中学、大学、工程师院校及其他大学作为全日制在校生接受正规的职业教育，二是在各类培训中心作为学徒以工读交替学习的形式来接受非正规职业教育，三是在各类培训机构作为待就业人员或已经工作人员接受非正规职业教育。③ 进入职业高中并不意味着进入就业市场，职业教育的学生和普通教育学生一样，享有同等的进入大学继续深造的机会，且职业教育文凭和普通教育毕业文凭具有同等法律效力和社会认可度。近年来，法国以促进公民就业为目标开展职业教育改革，教育部出台政策，实施实习计划，大力推进职业和资格园区的建设，搭建有效的对接平台，加强校企之间的沟通与合作。职业和资格园区是一个将中等教育、高等教育、初始培训和继续培训机构以及相关企业聚集在一起的园区，在促进校企合作、提高教学质量、促进学生就业的过程中，起到了积极的推动作用。④

4. 新加坡职业教育⑤

新加坡拥有世界上较为完备的职业教育发展体系，已经形成了以中学工艺分流、工艺教育学院（中职）、理工学院（高职）、继续教育与培训为四大支柱的开放包容的职业教育体系，这种"分流教育"保证了职业教育的生源数量和质量。新加坡职业教育走出了一条成功的产教融合、校企合作之路。职业院校一直与企业保持紧密联系，主要途径有：一是政府委任行业企业代表参加学院的董事会和各种咨询委员会，就课程开发、企业实习、教学质量、就业、学生品格、教师招聘、财务审计等方面提供反馈和建议，以确保课程与职业岗位能力需求对接；二是校企共建科技训练中心和教学企业，创建真实和创新的学习环境，调动企业先进的设备资源，为学生提供符合业界标准的培训；三是企业参与师资培训、提供企业项目、提供奖学金等形式。政府通过拨款、立法和行政手段，为教育发展提供坚强有力的政府支持。

---

① 李文静，吴全全. 德国"职业教育4.0"数字化建设的背景与举措［J］. 比较教育研究，2021，43（5）：98－104.
② 伍慧萍. 当前德国职业教育改革维度及其发展现状［J］. 比较教育研究，2021，43（10）：38－46＋54.
③ 王坤，王文姝. 法国职业教育特点及启示［J］. 徐州工程学院学报（社会科学版），2021，36（5）：94－102.
④ 吴雪萍，于舒楠. 法国职业教育改革探析［J］. 中国职业技术教育，2017（9）：82－86＋92.
⑤ 卿中全. 新加坡职业教育发展述评：探索、改革与经验［J］. 高等工程教育研究，2018（2）：195－200.

第二节　建设现状：高职电梯专业育人现状

一、总体情况

2007 年，中山职业技术学院在全国范围内率先开办了电梯类专业，自此开启了我国电梯专业人才培养的新篇章。[①] 许昌职业技术学院于 2009 年首个开设了高职院校电梯专业。高职电梯专业人才培养至今已有十多年的发展历史，开设的主要方向有电梯安装、电梯维保、电梯调试、电梯检验、电梯工程项目管理、电梯营销。电梯专业在高招专业中的影响力不高，招生主要生源是三校生及高职衔接生。高职电梯专业以"订单式"人才培养模式、现代学徒制人才培养模式为主，产业学院人才培养逐渐增多。

笔者对电梯行业、电梯企业进行调研发现，当前电梯智能化技术、电梯物联网技术、人脸识别、大数据技术等人工智能技术在电梯上得到实际应用。新技术的应用对电梯专业技术技能人才提出数字转型的新要求，对从业人员具备的专业知识也提出更高要求；企业反馈，新入职的高职毕业生存在岗位技能不足、缺乏良好的工作态度和敬业精神、学习能力不足等问题，不能满足行业、企业对高素质技术技能人才的需要。对高职院校进行调研，实际人才培养过程中，地域间、不同院校间在人才培养规格、实训室建设情况、教学资源库建设、课程设置方面存在较大差异，实训设施不能很好满足教学需要，制约学生技能水平的提高；高水平教学资源开发不足，影响教学质量；专业教学标准没有根据国家职业标准及时更新且尚不统一，制约电梯专业人才培养规格。

中国电梯行业经过三十余年的高速发展，已成为世界最大的电梯制造国和保有量最多的国家。电梯市场家用电梯需求、老旧电梯改造和旧楼加装电梯业务增长迅速，电梯行业处在一个上升阶段，电梯保有量在未来很长时间内还将保持持续增长。根据中国电梯协会的统计，自 2018 年以来，我国已出现了严重的电梯安装、维保人员短缺现象，这种现象在 2021 年还在持续。不仅如此，今后相当长的一段时间内，电梯行业的安装、维修、保养、销售等方面的人才需求将持续增加。随着新技术、新工艺、新规范、新产业的不断发展，电梯专业技术人才无论在工作岗位方面还是技能要求方面都发生了变化。电梯维修保养工作的数字化、电梯物联网智慧化监管、电梯大修改造加装产业化呈现对专业人才培养提出了新的要求。调研结果显示，电梯行业各岗位从业人员中高职学历占比最大。高职教育已成为培养电梯专业人才的主阵地，人才培养情况直接影响着电梯行业企业的发展。

二、主要做法

（一）"订单式"人才培养模式

"订单式"人才培养模式是高职电梯专业人才培养的主要模式之一，是基于"产教融

[①] 肖伟平，张继涛，周庆华. 高职教育电梯专业人才培养体系的构建研究——以中山职业技术学院电梯学院办学实践为例 [J]. 职业教育研究，2019（12）：51-57.

合、校企合作"的一种基本育人模式。关于"订单式"人才培养模式的概念，国内学者开展了广泛的研究和讨论。一般认为，"订单式"人才培养模式是一种校企双方建立在高度信任、深度合作基础上的，双方签订人才培养协议，学校根据企业需求设置专业，针对性地开展人才培养，企业参与人才培养方案制定、课程教材开发、师资团队建设等方面的育人全过程，待"订单班"学生毕业后直接进入合作企业就业上岗的人才培养模式。

"订单式"人才培养模式是我国特有的一种叫法，主要细分为直接订单、间接订单。直接订单，即职业院校直接与用人企业签订订单，校企双方共同参与培养过程，中间无其他机构介入。根据订单签订、学生选拔时间再细分为学前订单、学中订单、毕业季订单。间接订单，即职业院校与职业中介机构或中间企业签订订单，培养出合格人才后，中介机构或中间企业再将毕业生按照企业要求，分配到适配岗位。可见，间接"订单式"人才培养没有体现校企合作性质。高职电梯专业运用的"订单式"人才培养模式是直接订单的方式。

"订单式"人才培养模式在提高高职学生就业率、促进人才培养质量、降低企业选人用人成本等方面具有较大优势。对于学校而言，在校企双方的共同参与下，学校人才培养目标明确、针对性强，学校的教学资源、师资队伍、专业建设水平等方面在企业的加盟支持下获得了更进一步的提升，有利于学校的长足发展。对于企业而言，学校依据企业需求精准化人才培养，降低企业选人成本、保证企业用人质量，企业拥有稳定的人力资源供给。对学生而言，"订单班"的学生入学就基本等同于就业，只要毕业达到企业合格标准，毕业生能直接到合作企业的适配岗位就业，实现了从毕业到就业的"无缝衔接"，专业对口率100%。"订单式"人才培养模式的有效实施，使学校、企业、学生各方主体实现互利共赢，学校给力，企业省力，学生满意。

可现实并非像制度设计时那样的简单完美，"订单式"人才培养模式在实施过程中暴露出一些问题。人才培养的"订单"具有即时效应，只能反映一定时期企业的用人需求和规格，在时代快速发展的背景下，无法真正适应企业发展变化的需要，特别是近些年电梯进入大规模推广应用，市场对电梯专业人才的需求迅速增加，且电梯相关技术也在快速升级变化，"订单式"人才培养模式不能根据市场变化及时作出反应，缺乏发展动力。此外，"订单式"人才培养模式存在教育理念逐渐落后，"职业教育普教化"现象，企业参与积极性不高、师资力量薄弱、硬件设备落后等问题，影响人才培养质量，导致部分学生未能达到"订单"要求，影响学生就业和企业用人，不利于"订单式"人才培养模式的持续发展，育人模式亟须创新发展。

(二) 现代学徒制人才培养模式

现代学徒制人才培养模式是高职电梯专业人才培养的另一主要模式，占据电梯专业人才培养的半壁江山。自2014年启动现代学徒制试点至今，现代学徒制已是被实践证明了的行之有效的育人模式。现代学徒制将传统的学徒培训与现代学校教育进行了深度融合，以校企深度合作为基础，校企双重主体育人为根本，以"学徒"和"学生"双重身份为保障，以岗位成才为路径，以学生（学徒）的职业能力培养为核心，是一种全新的深层次职业教育工学结合人才培养形式。与"订单式"人才培养模式不同，现代学徒制更加注重技能的传承，师徒关系更紧密，由校企共同主导人才培养，设立规范化的企业课程标准、考核方案等，实现专业设置与产业需求对接，课程内容与职业标准对接，教学过程与生产过程对接，毕业证书与职业资格证书对接，职业教育与终身学习对接，提高人才培养质量和针对性，体现了产教深度融合、校企深化合作。

结合电梯行业特点，高职电梯专业开展现代学徒制人才培养模式，促进产教融合、深化校企合作，提高电梯专业人才培养的针对性，解决专业技能型人才供给与需求之间的不对应问题。电梯类专业属于面向特种设备行业，专业性很强，行业有法律强制持证上岗限制。实施现代学徒制人才培养模式时，学校和企业是共同的培养主体，术业有专攻，学校教师和企业师傅各有所长，文化和专业理论课由学校教师承担，现场实操实训由企业师傅负责，让学生接受的指导更加全面准确。其次，现代学徒制人才培养模式开展理论课和实训课班级规模较小，通常是相对固定的教学团队负责指导培养一个项目班级，师生（师徒）之间接触频繁、了解深入、关系密切，能充分发挥情感因素在人才培养过程中的积极作用，使教学取得良好效果，确保人才培养质量，为电梯行业发展提供坚实的人才支撑。

我国的现代学徒制人才培养模式是在国家的主导下开展的，经过多年的发展已经初步成型，并且在很大程度上能够满足学校、企业、学生等三方的需求，但在现实人才培养中还面临各种各样的问题和困境。如有些职业院校并没有真正将现代学徒制当作提高人才培养质量的路径，而是作为解决学校教育资源短缺、师资力量缺乏、提升学生就业率的手段，缺乏深层次的合作意识；实施现代学徒制人才培养模式，参与企业需要承担一部分人才培养成本，并且该部分投入的回报期长，导致一些企业的参与积极性不高；企业师傅的参与意愿也影响着现代学徒制成效的实现，这些问题的存在，不利于现代学徒制的长效发展。

（三）产业学院人才培养

2017年《国务院办公厅关于深化产教融合的若干意见》提出："鼓励企业依托或联合职业学校、高等学校设立产业学院和企业工作室、实验室、创新基地、实践基地。"在国家政策的引导支持下，产业学院得到快速发展，成为深化产教融合、促进校企合作、实现职业教育多元化教学的一种新型人才培养模式。

产业学院是一种多元主体办学，是高职院校与产业集群所在地的政府、行业协会、龙头企业等合作兴办的实体化职业教育机构，注重与产业链对接、与企业密集开展产学互动，在坚持教育性定位的前提下，集人才培养、科研开发、创新创业、职业培训为一体的高端产教融合平台。

产业学院承担着解决技术技能人才培养培训需要的产业企业环境资源问题，这就要求产业学院的专业设置必须与产业发展紧密匹配，紧密对接产业群、产业链，服务区域经济发展。职业院校一般依托二级学院与优势专业成立产业学院，运行机制与市场经济体制相适应，实施理事会领导下的院长负责制，理事会由学校领导、具有行业影响力的企业高层以及相关职能部门负责人组成，确保多方利益均衡发展；采用二元甚至多元投资主体结构，学校进行教育教学服务、师资、教学标准、办学场地、实验实训设备等形式的投资，合作单位以现金、校外办学场地、实验实训设备等形式进行投资或捐赠；政校行企广泛参与管理，共建共有师资队伍，构建利益相关各方"人才共育、过程共管、成果共享、责任共担"的紧密型校企合作育人长效机制，实现校内教师与企业导师对接、教学项目与生产任务对接、教学标准与职业标准对接、教学载体与企业产品对接、教学环境与企业岗位对接。

三、现实困境

中国电梯产销量和保有量全球第一,浙江电梯的产业份额占全国第一。"治国有常,而利民为本。"人民群众的美好生活离不开电梯,电梯事关公共安全。随着我国经济快速增长和城镇化发展,电梯产业井喷式发展,是一个名副其实的朝阳产业。高素质电梯技术技能人才严重紧缺已成为制约产业发展的瓶颈。高等职业教育作为电梯行业技术技能人才供给的主要来源,其人才培养情况对电梯行业的发展具有直接的重要影响。高职电梯专业作为高等职业教育中的一个专业类别,为了提高人才培养质量,紧跟国家大政方针,主动落实产教融合、校企合作的办学模式,积极践行新型人才培养模式。在新时期职业教育大发展大改革环境中,高职电梯专业人才培养既存在职业教育普遍面临的育人困境,也存在由电梯行业特点引起的人才培养问题。对高职电梯专业育人困境的总结和分析是应对高素质电梯技术技能人才供给不足的首要一步。

(一) 人才培养主体单一

电梯行业是国家纳入特种设备管理的行业,在制造、安装、维修、保养等方面对从业人员的准入门槛较高。高职电梯专业作为一门技术要求高、操作性强的应用型专业,学生专业实践能力的培养是高职电梯专业育人的核心目标之一,这意味着"产教融合、校企合作"办学在电梯技术技能人才培养中的作用更加凸显。党的十八大以来,国家将产教融合上升到教育改革和人力资源开发的国家战略高度,中央和地方陆续出台政策文件,支持与推进产教融合和校企合作在职业教育领域中的深化发展。但在职业院校实际育人过程中,"产教融合、校企合作"的落地生效不尽如人意,首先体现为校企合作不够深入,人才培养主体单一。

高职院校在开展电梯技术技能人才培养过程中,"产教融合、校企合作"的形式主要体现为职业院校与电梯企业合作成立电梯学院,开设电梯相关专业。合作企业主要为学校提供实习实训场所或选派企业工作人员进校作为企业导师承担部分教学任务,大部分的专业课程、人才培养工作主要由学校承担,并未根本性改变传统的育人模式。企业尚未充分认识到自己也是人才培养的主体,没有充分参与到学校专业设置、人才培养方案制订、教材课程开发中;就算企业在人才培养方案制订的过程中有所参与,但在执行过程中,企业的育人主体地位也没有得到体现。企业常常处于被动状态,对"产教融合、校企合作"缺乏积极性,难以尽到校企合作协同育人的责任与义务。学校虽然愿意开展校企合作但缺乏主动意识,也存在自身吸引力不够的问题,最终结果是校企合作往往停留于实习实训、员工培训、兼职师资聘任、人力供给等浅层的合作,学校和企业没有形成深层次合作伙伴关系。

(二) 资源互通不够紧密

高职电梯专业的毕业生,毕业后多数从事与电梯生产、服务、管理、建设相关的一线工作,这就要求学校培养的人必须具备较好的应用能力和实践生产能力。高职电梯专业深化产教融合、校企合作,开展校企合作育人,其主要目的之一是更好地调动整合行业、企业的资源,用于电梯技术技能人才的培养。而职业院校和企业所拥有的资源本身就在数量和质量上参差不齐,加之现实因素的种种制约,使得在实际人才培养中,"产教融合、校企合作"的资源整合变得困难重重。校企双方在资金、技术、人才等方面存在资源互通不够紧密的困境，电梯专业人才培养规模有限，专业链、人才链与产业链不相匹配。

(三) 高水平"双师型"教师队伍缺乏

在校企教学团队建设方面，企业师傅人数有限，到校开展教学的时间也不足以满足学生培养需求，且来自企业的兼职教师没有接受过师范教育，其教学组织能力、课堂掌控能力、教学语言表达能力较弱，教学效果欠佳；而校内电梯专业授课教师多为应届高校毕业生或为机电专业转行而来的老教师，缺乏电梯技术背景和电梯行业工作经历，难以精准掌握电梯原理、应用等专业方面的教学重点，也对电梯行业发展现状和实际技术应用情况缺少了解，专业实践能力、动手能力较弱。虽然学校教师有到企业学习的机会和要求，但常常也只是利用假期时间到企业进行学习，下企锻炼缺乏连续性，缺乏高水平"双师型"教师队伍，校企在教师团队方面缺少交流和互通。

(四) 育训资源相互独立

在学生实训方面，由于电梯专业的实训投入要求较高，实训室建设成本大，不少校企合作育人的院校没有搭建真实的工作情境，导致实训课仍然偏重于教学型实训，教学设备脱离电梯企业生产实际，无法实现教学环境与工作环境、教学任务与工作任务、作业完成与产品生产等的全面对接，这导致电梯专业学生的生产性教学难以开展，影响学生业技能提升与学习效果，学校未充分调动企业在实训方面的优势资源。由于电梯企业之间技术排他性强，职业院校和行业企业的育训资源相互独立，企业在对学生进行技能培训时担心泄露商业机密和核心技术，因此在对学生进行实训指导或安排学生实习岗位时，往往有所保留，学生很难接触到企业的主要业务、核心技术；一些技术含量低的边缘业务或流水线业务并不能给学生带来实质性的工作知识和技术进步，导致毕业生无法适应电梯行业技术日益丰富的工作环境和快速发展的产业变革，学生入行难、上手慢，人才培养规模小，这已成为电梯专业育人痛点。

(五) 育人平台缺乏，形式单一

为行业和企业输送技术技能人才是职业教育的基本社会职能。数字化、智能化的时代，不仅对企业转型升级提出了挑战，对职业教育人才培养也提出了新的要求。当大规模的数字化、智能化设备应用于企业生产实践中，企业发展不仅需要实际操作能力强的技术技能型人才，同样也需要高层次创新型应用型人才。而当前阶段职业教育培养的高端人才明显偏少，企业对于合作的高职院校毕业生的需求较低。相关研究数据表明，67%以上的企业每年招聘合作院校的毕业生比例低于20%。职业教育对人才的培养与市场、产业的需求脱节已成为不争的事实。

当前阶段，高等职业教育校企合作依旧处于学校为企业开展员工培训、供给人力资源，企业为学校提供实习实训的岗位和设施、选派企业师傅兼职学校教师等浅显的合作层次上，尚未在科学研究、产品开发、技术提升、人才培养、专业建设等深层次合作上建立校企良性互动循环。一方面，校企合作育人平台缺乏，形式单一。学校和企业合作搭建的育人平台主要还是以校内、校外实习实训基地为主，用于培养训练学生的实际操作能力和解决问题能力，较少有开展产品研发、技术开发、创新创造等形式的高水平多功能人才培养平台，科技引领不足导致学校对于学生把握行业发展趋势、技术研发、学习迁移方面的能力培养不足，在实际教学中也无法为学生提供最先进、最前沿的技术技能指导，服务电梯产业缺乏高端的人才供给。另一方面，校企合作育人平台多是学校与企业之间的单体互动。电梯企业之间技术排他性强，当前校企合作培养电梯行业技术技能人才主要进行的是一对一的合作，职业院校与单个电梯企业合作并为之提供服务，基本是围绕合作企业面临的具体问题或需求开展教学和研究，不能全面了解掌握电梯行业发展现状和先进的技术，学校不能对行业内普遍的技术问题和发展问题进行研究，人才培养实践不具有行业代表性，培养经验不具有可推广性，教学和研究成果不能惠及整个行业，职业教育在推动产业的技术进步和产业升级方面的力量不足。

第三节　应然路径：高职电梯专业育人的现实诉求

职业教育需要紧跟经济社会发展。培养符合行业企业发展需要的技术技能型人才是新时代赋予职业教育的重要历史使命。电梯行业有法律强制持证上岗、企业排他性强的特点。在现阶段高职电梯专业育人过程中，存在电梯类技术技能人才培养资源难以融通，人才培养主体单一；校企育训资源相互独立，学生入行难、上手慢，培养规模小；高水平多功能人才培养平台缺乏，科技引领不足，电梯产业高端的人才培养不足的问题，这些已成为制约电梯行业发展不可忽视的关键因素。而人才培养是一个生态发展的过程，电梯技术技能人才的培养与企业、行业、产业生态发展紧密相关，这就需要运用生态系统思维，从育人格局、育人体系、育人平台入手，突破高职电梯专业育人的困境，实现电梯专业人才培养的可持续发展。

一、探索形成行业引领、多元主体协调合作的育人生态格局

产教融合是职业教育的本质要求，也是职业教育发展的必由之路，校企合作是实现产教融合的手段举措。在技术技能人才培养过程中，企业与学校是具有同等地位的育人主体，共同承担着为产业变革提供匹配的人才资源的重要责任。当前职业教育产教融合、校企合作存在"学校热，企业冷"现象，导致职业院校和企业之间存在"融而不合""合而不深"的问题。其中一个重要的原因是职业院校和企业作为产教两端的主体，没有形成"共同体"意识，致使在人才培养中，学校一方和企业一方追求各自的利益，完成各自的目标，各行其是、各自为战，产业和教育难以深度融合，人才培养供给和企业发展需求之间自然达不到"零距离无缝对接"的理想状态。

从生态学的视角看，电梯技术技能人才的培养与电梯企业、行业发展紧密相关，共同构成了电梯技术技能人才培养的生态环境。学校、企业作为电梯专业人才培养教学、实践的主阵地，与具有指导性作用的行业，三者之间形成了互相影响、互相促进的关系。基于生态系统理论，要有效解决高职电梯专业人才培养资源难以融通，人才培养主体单一的问题，调动企业参与校企合作的积极性，除了动员企业本身之外，还要发挥行业对企业的影响，以行业参与增强企业主动性，以行业资源撬动企业资源，打造"行校企共同体"，形成行业引领、多元主体协作的育人生态格局。

高职电梯专业"行校企共同体",围绕培养"特种"人才的特种要求和特种标准,以"行业(上岗资质)+学校(育人平台)"聚合电梯行业头部企业,将电梯行业资源、学校教育资源和企业市场资源有序整合,共建产业学院和产业研究院,解决电梯专业育人资源匮乏和融通不足的问题;行校企共构"身份互认、角色互换"师资队伍,解决人才培养主体单一的问题;构建一个由行业引领、学校主导、联合电梯行业头部企业的"行校企共同体",实行资源共用、过程共管、成果共享、风险共担,实现三方相互促进、同生共长,形成多方主体人才培养资源的倍增效应;创新构建电梯类技术技能人才培养生态,实现电梯专业人才培养的可持续发展,以达到电梯人才培养供给侧和行业需求侧的动态平衡,从而增强职业院校核心竞争力及服务国家、行业、区域经济的能力。

二、加快构建三链对接、育训合一的育人生态体系

人才培养是一个生态发展的过程,育人体系直接影响着人才培养的质量。用生态系统理论分析电梯专业育人体系的各主体,存在的要素主要有学生、行业、企业、学校,不同要素之间相互联系,但又有各自的不同需求。学生以学习行业知识和技术技能为主要需求,行业意在指导电梯企业在电梯产业发展中能够实现良性可持续发展,企业为获取符合自身发展和最大利益的技术技能人才,学校履行公共职能,为培养符合行业、企业需求的高技能人才。在一个生态系统中,只有各要素之间形成有效联动,才能发挥合力作用,实现系统最大化作用。当前阶段,高职电梯专业人才培养存在重学历教育、轻职业培训现象,学校育人优势和企业训练优势未有效联动,校企育训资源相互独立,电梯专业学生毕业后入行难、上手慢,人才培养规模小等问题,电梯专业育人体系各要素间未形成有效联动,各自需求未得到充分满足,各主体满意度不高,没有形成育人生态体系的良性循环,不利于电梯人才培养的可持续发展和电梯行业的可持续发展。在"行校企共同体"的育人生态格局下,运用生态学的思维和方法构建电梯人才培养体系,使行业发展、专业设置、人才培养环环相扣,是解决电梯专业育人痛点的有效方式,有助于职业教育为电梯产业变革、企业发展提供匹配的人力资本。

加快构建三链对接、育训合一的育人生态体系。针对电梯生产智能制造和智能物联等电梯产业重点领域,"行校企共同体"共建产业学院,聚焦专业发展,打造以电梯专业为龙头,机械设计与制造、机电一体化、工业机器人技术等为骨干专业的电梯专业群,培养掌握复杂电梯零部件制造技术、电梯大数据技术和智慧监管等方面的人才,形成专业与产业的良好对接,推进专业链、人才链接与产业链高度匹配。行企校共建具有混合所有制特征的产业学院,探索"成本折股、市场共拓、收益反哺"的可持续发展路径,共建"市场化特征、设备实时更新"的产教融合型实训基地,有机整合、柔性共享师资队伍,建立电梯专业师资库,形成"行业引领、多元主体协作"的育人机制。重塑教学实施路径,采用井道可视教学法、VR教学法等,实现"井道就是教室、教室就是井道"的课堂革命。整合电梯头部企业资源,建成育训合一的电梯培训中心,盘活电梯专业育人资源并实现有效融通,构建服务终身职业技术技能成长的培训体系,使高职电梯专业培养的人才既具有扎实的理论知识又具有熟练的操作能力,且培养的人才能够快速适应职业以及社会的变化,以解决电梯专业毕业生入行难、上手慢、培养规模小的问题。

三、共同打造多维一体、科技引领的育人生态平台

数字化、智能化时代的到来，电梯产业面临着深刻变革，对电梯技术技能人才提出了更多样化的需求，对电梯专业人才培养也提出了新的要求。电梯产业的转型升级，减少了对低技能劳动力的需求，增加了对高技能人才的需求。电梯行业更需要具备新知识、新技术的，具有创造力，能处理复杂问题的人才。除此之外，面对当前国内电梯市场需求增速放缓，行业和企业除了在科学研究、产品开发、技术提升等方面发力外，以电梯维护保养、故障修理、改造更新为主要内容的电梯服务领域也是电梯企业重要的业务范围。职业教育具有鲜明的行业特色。高职电梯专业作为电梯行业技术技能人才培养的主阵地，需要为产业变革、企业发展提供匹配的人力资本。电梯专业人才培养要顺应变革趋势，关注时代对高技能人才的新需求，寻求行业、企业、学校之间高层次多类别合作，搭建高水平多功能育人平台，提高人才培养质量，使培养出来的电梯类人才能适应技术日益丰富的工作环境和快速发展的产业变革，实现人才供给和需求平衡适配。

现阶段电梯专业育人平台以校内、校外实习实训基地为主，形式单一，实训设备落后于行业发展，缺乏高水平多功能人才培养平台。在"行企校共同体"育人生态格局下，高层次电梯类技术技能人才培养需要调动电梯行业、企业的力量，聚合行业、企业、学校的优势资源，加强行企校在教学项目、科学研究、创新创业、成果转化等深层次的合作，以共商、共建、共研、共创、共享的共同体理念，聚力服务支撑，打造多维一体、科技牵引的育人生态平台，协同育人。紧盯电梯评估改造、大数据分析与智慧电梯技术，强化与省电梯评估与改造应用技术协同创新中心、省电梯创新设计公共平台与电梯行业大数据分析中心的协同，行校企共建集技术研发、社会服务与人才培养功能于一体的产业研究院，促进学历教育与职业培训并重，打造高水平人才培养平台。统筹行企校优秀技术人员和专业教师队伍，行校企共建教学科研创新团队，贯通学校与企业师资，牵头（参与）研制国家职业技能标准、从业人员准入规范等，将标准融入教学。实施拔尖人才培养计划，行企技术人员和师生联合开展技术攻关、技术服务、科技成果转化，开展更大范围、更深层次的贯通合作，为行业发展提供有力支撑，培养服务电梯产业的高端人才。

第二章　创新机制　行校企打造育人共同体

2010年3月颁布的《国家中长期教育改革和发展规划纲要2010—2020年》提出"要调动行业企业的积极性",加强人才培养。鼓励行业组织、企业参与职业教育,加大对职业教育的投入,与学校合作共同举办职业教育。电梯作为特种设备,行业有法律强制持证上岗限制,而行业组织正是掌握其上岗资质的主要组织。电梯行业的特殊性使得构建行业、企业、学校三方育人共同体变得极为关键。

本章从行校企育人共同体创建的动因、行校企育人共同体创建与发展历程、行校企育人共同体的运行与建设三方面进行阐述。深入分析了杭州职业技术学院建设电梯人才培养行校企育人共同体的背景与动因,介绍了杭州职业技术学院建设电梯人才培养行校企育人共同体的历程以及其运行发展的经验。

第一节　行校企育人共同体的形成动因

一、电梯行业发展背景

电梯作为垂直方向的交通工具,在高层建筑和公共场所已经成为重要的建筑设备而不可或缺。随着计算机技术和电力电子技术的发展,现代电梯已经成为典型的机电一体化产品。随着整体国民经济实力的提高,人民的生活消费水平明显增长。现对电梯行业前景及优势进行分析:

(一) 我国电梯行业发展面临的三大问题

1. 产能过剩的形势仍在发展,同质化竞争加剧

到2013年年底,全行业共有整机制造企业456家,备案的部件制造企业155家,安装维保企业5 867家。过多是突出的问题,目前的生产已经过剩,但是还有很多企业纷纷在西北、西南、江浙地区大规模的扩产,还有工程机械行业的少部分企业正在准备进入电梯行业。

2. 安装维保领域人力缺乏的局面仍没有明显改善

由于费用严重违背价格规律的恶性竞争,导致已有的专业人员和新员工大量缺失;再加

上安装工期短、工作条件艰苦等原因专业人员缺额逐渐增大，已经超过了万人，成为制约本行业发展的重要瓶颈。

3. 在用电梯老龄化，电梯的安全形势依然严峻

未来国内和国际的形势仍然有利于中国电梯行业的发展，整个行业正由制造业向维保服务业转变，这是一个非常重要的方向和重大的课题。因为电梯这个产品随着它的老龄化和使用数量的提升，人民群众对于乘运质量要求的提高，维保的工作量将逐渐成为电梯行业发展重要的方向，再经过几年的运营，中国电梯行业非常有可能会变成以维保业为主业、制造业为辅的一个行业，中国电梯行业发展的空间很大，尤其是安装、维保、服务的空间更是巨大的。

（二）国内电梯行业发展状况

1. 国家政策重视

（1）主要体现在停止了两年的电梯生产许可证验收颁发从 2004 年又重新开始，结束了各种投资无法投资电梯行业的状况，而且对电梯生产企业的管理可以更上一个新的台阶；国家有关部门对电梯的质量和安全作为了最重要的工作来进行管理，使电梯质量有所提高。

（2）电梯行业投资踊跃。主要表现在 2004 年电梯制造业的快速发展，在 2004 年全年新增电梯生产企业几十家，其他相关企业就有几百家，从投资现象分析，可以看到国家对电梯行业有所开放，促进了投资者的热情。

（3）电梯技术发展迅速。2012 年在中国还有许多开发商和生产企业对第四代无机房电梯技术抱有怀疑，而 2013 年除了首先在中国应用第四代无机房电梯技术的 WALESS 电梯以外，三菱、OTIS 以及其他企业均向该技术靠近，就连通力也不采用新的第四代无机房电梯技术。同时其他电梯技术还在迅速发展提高。目前最受关注的电梯新技术有：永磁同步技术、乘客识别系统、指纹识别系统、别墅家用电梯技术等。

（4）电梯采购更理性化。在过去，政府采购就只有招标，而招标中存在严重的价格偏高问题和个别招标单位不公正问题，现在政府采购中已经广泛开展了政府采购竞争性谈判方式，为降低采购成本起到了十分积极的作用。开发商的采购将更重视综合开发成本和合理选择电梯载重；开发商已经认识到土建成本加电梯成本对最终开发成本和房产销售的关系。为此也促进了电梯载重量的合理选用。电梯采购管道和方式也发生了重大变化，无论是单位采购或者是开发商采购电梯均从多方面考虑选择电梯，已经不再选择几个国外名牌产品（其实国产产品也很好，技术已经相当成熟），而是考虑到综合因素和采购方式，在中国电梯网发布采购信息，通过比较后在重点谈判已经是目前采购最主要的方式。

（5）电梯品种发展快。奥的斯、迅达和三菱过去一直被视为电梯技术和规格发展的风向标，而他们在近几年引进到中国的先进技术为数不多，由此为更多的生产企业提供了迅速开发、发布新产品的机会，通过几年的改进，新产品已日趋成熟，而且质量和款式均超过了奥的斯、迅达和三菱，目前在市场上供应的 360 度全景观光电梯、扇形观光电梯、三开门电梯、平面观光电梯等均超过了国外技术，成为重要的新产品。

2. 省内电梯行业人才需求状况分析

电梯行业的人才需求主要表现在以下几个方面：产量扩大带来的设计和制造人才的增加；电梯每年同比增量带来的安装调试和营销人员的增加；根据电梯维保管理的相关法规规

定，电梯安装投入使用以后，必须由具有相应资质的人员进行定期终身维护保养，每年的电梯增量需要增加相应的维保人员；电梯增量带来的维修和升级改造的人员需求；原行业内人员自然流失需要补充的人员较多。下面针对除第一项以外的安装、改造、维修、维护保养、营销及补充自然流失等方面的人才需求进行分析。

2021年，浙江省办理注册登记的电梯约76.4万台；与2020年同期相比，办理使用登记的电梯总数增加11.0%，新增电梯约8万台，较2020年电梯增量7万台仍增1万台。按照平均每年电梯净增6万台计算，电梯安装、维保的人员需求情况如下：

（1）电梯安装人员需求。按平均每年增量新增1万台计，正常工作量4人每年安装20台计，每年大约需要新增2 000名安装人员。

（2）电梯维保人员需求。按正常工作量每年2人保养60台计，每年大约需要新增2 000人。

（3）按15%的行业自然流失率计，每年约需补充1 500人。

综合以上情况，在今后相当长的时期内，按正常工作量计，电梯行业每年需增加的从业人员约为5 500人。

（三）当前和今后十到二十年是电梯行业发展的黄金时期

随着我国大规模基础设施建设和城镇化的发展，近10年来电梯行业保持了高速增长，年均增长率超过了20%。据特种设备安全监察局统计，截至2013年年底，全国在用电梯总数已达300.45万台，当年净增量达63万台，我国已经成为全球使用电梯最多的国家。

当前，尽管受到房地产调控等多方面因素的影响，未来的电梯行业发展趋势可能趋缓，2012年的增长率在近十年中首次低于20%，为15.8%，但电梯需求量仅60%左右由房地产市场决定，另外40%是由非地产行业决定，包括轨道交通、电梯配比提升、更新改造、旧房加梯、出口等因素。随着我国城镇化的持续进行，今后相当长的时期内电梯行业总体将会保持上升的趋势。2013年的增长率为18%左右，比2012年又提高2~3个百分点。

另外，虽然我国电梯的绝对保有量已经世界最大，但人均拥有量只是世界平均数的1/3，是发达国家的1/20~1/10，市场远未饱和，预计我国未来电梯的总保有量将会达到800万台左右。可以预见，今后相当长的时期内电梯行业仍将保持黄金发展时期。

省内情况：据浙江省电梯行业协会提供的数据，浙江是全国电梯制造大省，电梯保有量排在全国第三。截至目前，浙江省拥有电梯整机制造企业40多家，电梯部件制造企业200余家。截止到2012年年底，全省电梯在用保有量共223 406台，而仅2013年就净增6万余台，当前总量达到30万余台。浙江是城镇化发展较快的省份，房地产和轨道交通等基础产业快速发展，随着生活水平的提高，旧房加梯等业务也发展较快。综合各方面的情况，省内电梯行业也将在相当长时间内保持快速增长势头。

电梯的质量和运行安全与维保有直接的关系，大家都知道，电梯的安全3分在质量，7分靠保养。而正是由于合格的维保人才非常缺乏，导致当前电梯安全事故频发。按浙江省当前的电梯保有量计，正常情况仅维保人员就需要1万人，而实际当前有资质的维保人员远远不足。按正常工作量计，一名维保人员的工作量是每年30台，但由于当前有资质的合格安装、维保人员严重短缺，一名维保人员保养每年50~70台的情况非常普遍，甚至经常有一些没有资质的人员与参与维保，这也是导致各地电梯事故经常发生的主要诱因。电梯事故直接危及人民群众的生命，当前这种合格人员严重短缺的情况亟待改变，需要尽快培养大批合格的电梯安装和维保人才。

（四）电梯行业的快速发展需要大量高素质技能型人才

根据以上浙江省电梯安装、维保、维修、改造、营销及补充自然流失人员的需求分析，随着电梯产业的发展，对这方面高素质技能型人才的需求将越来越大。电梯作为国家纳入特种设备管理的设施，其安装、维护、保养、维修和改造都需要有严格从业人员资格的专业人员。从以上浙江省电梯行业人才需求分析可知，浙江省每年需要增加电梯安装、改造和维护等方面的人员 5 500 多人，特别是电梯改造和维护人员。随着新梯的增长和在用电梯的老化，在电梯总量达到饱和前都将保持与电梯数量同步的增长态势，在相当长的时期内，人才需求将持续增长，而且数量巨大。从以上两个方面来看，设置《电梯工程技术》专业来培养电梯行业急需的高素质技能型人才不仅必要，而且迫切。

（五）设置该专业是保障省内电梯行业快速发展的需要

据了解，在电梯行业适应高职电梯专业的岗位主要有研发设计、工程技术、营销、安装、维保和监督检测等多个层次的岗位。但目前国内高职层次设置电梯专业的院校尚不到 20 所，每年招生不超过 4 000 人。中职层次设置电梯专业的院校也不到 50 所，每年招生不超过 6 000 人。而在浙江省内，不论是高职层次还是中职层次，尚没有一所院校设置了专门的电梯工程技术专业，只有三四所院校在机电一体化、电气自动化或楼宇智能化专业中设置了电梯专业方向，每年招生的人数不足 300 人，而由于需要顾及母专业，在课程设置上也受到相当多的限制，难以培养与电梯行业需求完全接轨的高素质技能型人才。专业的设置与浙江省电梯行业对高素质技能型人才的需求严重脱节，广厦学院设置《电梯工程技术》专业，系统地培养电梯安装、改造、维修、营销和维保方面的技术和管理人才，不仅可以满足行业发展对人才的需求，而且对提高行业从业人员的整体素质、保障人民群众的生命安全和电梯行业快速发展、提升行业水平和竞争力具有非常积极的作用。

二、打造行校企育人共同体的理论基础

推动职业院校与行业、企业构建"命运共同体"，重塑职业教育人才培养新生态，是现代职业教育一系列改革的必然选择，也为职业教育改革"深水区"提供了一个系统的解决方案。

（一）共生理论

共生（Symbiosis）是一种自组织现象，最初来源于种群生态领域，后逐渐应用于社会科学各系统的研究当中，泛指事物之间在一定的环境压力之下，共同生存、协同进化、相互抑制，形成稳定互补的关系。共生理论包含共生单元、共生关系及共生环境三个核心要素。共生单元是共同体的基本组成要素，是共同体形成及存在的物质条件；共生关系是指反映共生单元相互依存、相互促进的关系，是推动共生单元向更具活力的方向发展的动力；共生环境是指共生关系所处的环境，即共生单元之间物质、信息和能量传到的载体。

"行校企共同体"是行业、院校及企业三个共生单元在市场经济大变革、工业革命新浪潮及职业教育新样态的共生环境下，共同激活、共同适应和共同发展的过程。三方"命运

与共、共生共荣"的组织关系，能够对推动职业教育改革、提高人才培养质量、激发行业创新动力、解决行业发展瓶颈有着积极的正向作用。

（二）场域理论

场域（Field）是指"在各个位置之间存在的客观关系的一个网络（Network）或一个构型（Configuration）"（布迪厄）。场域并非单指物理环境和空间领域，而是社会成员按照特定的逻辑要求共同构建而成。高等职业教育作为一个大系统，从发展目的和使用手段来看，涉及文化教育生产领域场域和物质生产场域两大场域。

一方面，现在职业教育已经从经济社会发展的边缘逐渐走向经济结构转型升级的战略核心，职业教育活动和资源配置已经超出传统的文化教育生产场域，人才培养过程也不能仅局限于文化教育的范畴；另一方面，物质生产场域对智力和技能的需求日益增加，企业更加重视人力资本投资。职业教育向行业、企业扩展延伸是两大场域分化和重塑的结果。"行校企共同体"能有效实现教育场域与生产场域的交叉与融合，既发挥企业办学主体的功能，又有利于人才培养的提升。

（三）第三部门理论

第三部门（The Third Sector）适于政治学理论研究，是指独立于第一部门（政府）和第二部门（企业）之外的其他组织的集合，以实现公共利益为目标，强调非营利性和志愿性。

我国职业教育作为准公共产品纳入第三部门研究，是市场关系转变和教育需求更迭的结果。市场经济环境下，政府对职业教育的管制越来越趋向于宏观调控，但同时安全放任市场调节，无法体现职业教育的公共性与公益性特征。当政府和市场两只手无法完全覆盖职业教育发展的全部领域、满足多元主体的切实诉求，第三部门参与职业教育的需求由此凸显。

第二节　行校企育人共同体创建与发展历程

一、创建行校企育人共同体——特种设备学院

基于以上理论启示与背景，为加快培养电梯行业高素质技术技能人才，2015年5月杭州职业技术学院与浙江省特种设备科学研究院（行业）达成协议，跨界合作，共建全国首家"特种设备学院"。在行校合作的基础上进一步引入了国内最早从事电梯职业技能培训平台型企业之一——杭州容安公司以及全球电梯龙头企业——奥的斯和国内民族地电梯第一品牌——西奥电梯等电梯行业头部企业，最终建成了"行业引领，学校主导，企业共建"的行校企共同体。

（一）行业引领

浙江省特种设备科学研究院（原浙江省特种设备检验研究院，简称省特科院）是我国成立最早的特种设备检验检测机构之一，是由浙江省质量技术监督局直属的特种设备节能检测公益性事业单位，经国家质检总局（现国家市场监督管理总局）资格核准和政府行政部

门授权,主要从事质量技术监督领域的特种设备检验检测、技术鉴定、许可评审和教育培训等工作。于 2002 年在全国同行中率先通过国家实验室认可,本院出具的检验结果得到 44 个亚太实验室认可组织(即 ILAC)的承认,质量管理体系已达到国内同行业先进水平。拥有外聘院士 3 人、博导 2 人,高层次人才占比达 46%,设备总资产 9 300 万余元。浙江省特科院是国内拥有资质、项目能力最多的特种设备检验检测机构之一,先后取得了 63 个特种设备检验机构核准项目、581 个国家实验室认可项目、50 个国家检验机构认可项目、316 个国家资质认定项目。其中,下设的国家电梯中心取得国家实验室"三合一"认证,覆盖 19 个品种电梯整机(含高速电梯项目)和 22 个品种零部件的检测与试验能力。负责浙江省电梯行业的电梯、零部件的型式试验和电梯的监督检验和定期检验;电梯安全风险评估、质量鉴定和委托检测工作;电梯、零部件和维保质量的监督抽查工作;电梯相关技术服务及科学研究,承担或参与电梯法律法规标准的制修订及试验验证工作;电梯应急演练项目培训等工作。

电梯行业属于国家特种设备行业,受《中华人民共和国特种设备安全法》监管,严格要求电梯安装、维修、保养等作业人员必须通过从业资格考试,持证上岗,而从业资质由特种设备官方行业组织——浙江省特种设备科学研究院掌握,因此省特科院作为行业与学校合作能带来最为核心的资源,即从业资质。此外,还能将政策、平台、技术等行业优势引入,引领电梯类技术技能人才培养。

(二)学校主导

杭州职业技术学院是杭州市人民政府主办的全日制高职院校,2015 年以优秀等级获教育部验收通过,成为"国家骨干高职院校"。学校坚持"立足开发区、服务杭州市"的办学定位和"校企合作、工学结合、文化育人"的办学思想,践行"重构课堂、联通岗位、双师共育、校企联动"的教学改革思路,确立"首岗适应、多岗迁移、可持续发展"的人才培养规格定位,秉持"立足一个企业、面向整个行业"的思路,选择与区域主导产业的主流企业进行合作,建立了校企共同体(利益实体)[①],前期成功探索了"友嘉模式""达利现象"等校企合作模式,走出了一条体现职业教育类型特征的"校企共同体"办学之路,其成果获 2014 年国家级教学成果奖一等奖、二等奖各一项。学校具备校企合作的良好基础,拥有包括场地、师资、教学资源等强大的教育资源,也因此成为浙江省特种设备科学研究院以及电梯企业选择合作的对象,并以学校为主导开展电梯技术技能人才培养。

(三)企业共建

杭州容安特种设备职业技能培训有限公司(简称容安电梯有限公司)是一家经国家市场监督管理总局审查获准从事电梯的安装、改造、维修工作的企业,主要从事电梯、自动扶梯、人行道的改造、安装、维修、技术支持、配件销售等业务,是浙江省内唯一一家专业从事电梯作业人员专业技能培养的培训机构。容安电梯有限公司又称杭州市容安特种设备培训中心,是一家全国知名的电梯培训公司(简称容安培训),目前跟九家大的电梯公司合作,其中主要包括三菱、通力、奥的斯电梯、日立、东芝、富士、迅达、广日及富士达等。容安培训脱胎于电梯行业,培训项目涵盖电梯维保、安装、机电、检验检测等电梯行业全链条从

---

① 贾文胜,李海涛,梁宁森. 基于校企共同体多元发展模式创新与实践[M]. 上海:上海交通大学出版社,2020.

业人员业务内容，拥有的培训教学人员平均从业年龄达到 12 年，其中操作讲师平均从业年龄达到了 21 年，拥有丰富的电梯培训资源与经验。

奥的斯电梯公司是全球电梯、自动扶梯和自动人行道的制动商和服务提供商，是行业的龙头企业。从 1853 年奥的斯发明安全电梯至今，已为全球超过 190 万台电梯和自动扶梯提供维护保养服务。奥的斯电梯是美国联合技术公司（2017 年《财富》世界 500 强排名 155 位）旗下奥的斯家族的重要成员之一，经营管理着奥的斯（OTIS）、奥的斯机电、大连星玛电梯（SIGMA）和江南快速电梯（Jiangnan Express）四大电梯品牌，生产、销售、安装、维修保养以及改造电梯、扶梯、人行走道、屏蔽门和穿梭机系统，是中国最大的电梯和扶梯生产商和服务商。奥的斯以战略合作协议的形式为杭州职业技术学院捐赠 6 部竖梯、2 部扶梯以及部分零部件建成华东区域职工培训中心，引入了引领全球行业标准的美国奥的斯电梯培训模块化课程，培养具有国际视野的电梯专业人才。

杭州西奥电梯有限公司在 2004 年成立于中国杭州，是一家集电梯整机研发、设计、生产、销售、安装及售后维保为一体的现代化综合型电梯民族品牌。公司围绕客户需求，聚焦构筑面向未来的"安全智能楼宇交通方案"，以打造"员工满意、客户信赖、行业尊重、世界一流的电梯企业"为愿景，持续为客户和全社会创造价值。2012 年，杭州西奥电梯有限公司总部设立在杭州余杭国家级经济技术开发区，160 余亩全新研发、生产基地正式投入使用，厂内拥有 120 米的电梯试验塔、综合型生产车间、商务楼等先进办公环境。公司立足杭州生产基地，2014 年战略性地在全国布局销售区域、分公司、服务网点，为全球 40 余个国家和地区提供服务，连续 10 年保持高增长和高盈利的经营业绩，成为电梯民族品牌中的领军企业，跻身行业前列。目前，杭州西奥电梯拥有九大系列、二十余种梯型产品。公司先后获得"高新技术企业""国家火炬计划""中国优质产品""浙江省企业技术中心""浙江省名牌产品""杭州市著名商标""杭州市重点企业"等荣誉称号。西奥电梯与杭职院合作共同培养电梯人才，引入培训教育资源、师资，试点现代学徒制。

在行业与学校合作的基础上，通过与主要的电梯企业合作，整合了电梯行业与电梯企业的设备、人才、资金以及培训等资源，围绕电梯行业"技术技能人才培养、企业员工培训和新技术研发"三大服务目标，最终构建了"行业政策和准入资源供给主体、学校场地和人力资源供给主体、企业设备更新及师傅供给主体"的三大主体资源集聚供给模式，形成了"行业资源力、学校教育力和企业市场力"相互助力、具有一定造血功能的可持续发展模式。

二、建设核心专业——电梯工程技术专业

（一）建设历程

2014 年，杭州职业技术学院同省特科院、容安电梯基于电梯技术技能人才培养需求，共建电梯培训中心。在电梯培训中心建成的基础上，杭州职业技术学院基于机电一体化专业增设机电一体化（电梯方向），2015 年将电梯工程技术专业作为新专业进行论证申报并通过省教育厅审批。2016 年，电梯工程技术专业正式成立并开始招生。

1. 行校企共投，建设校内外实训基地

省特检院投入 600 多万元改造校内教学场所，并将海宁尖山校区（投资 2.6 亿元，占地

75亩）委托学校统一管理，浙江省唯一特种特备上岗证办证机构整体迁入学校。企业投入1 400多万元建成拥有28部竖梯、6部扶梯的电梯培训中心（全国规模和质量第一）。电梯实训基地配有多个实训室，包括电工电子实训室、PLC实训室、金工实训室。为培养学生的职业技能，由企业和学校共同建立"职业技能培训站"，培养学生成为企业所需要的高素质、高技能应用型人才。

2. 校企联动，确定专业人才培养规格

根据电梯行业发展需要和完成职业岗位实际工作任务所需要的知识、能力、素质要求，培养适应电梯行业生产一线需要的电梯高端技能型人才，确定专业人才培养规格。经过三年的培养，使之具有良好的职业道德和敬业精神，具有必需的电梯基础理论、专业知识；具备本专业的综合职业能力，在电梯施工企业、监理、建设、安装、维修、维保等单位，从事供电梯安装施工、调试、监理、运行、物业设施管理的高端技能型人才。

3. 联通岗位，构建校企一体化的课程体系

根据电梯工程技术专业人才培养模式要求，围绕电梯工程技术专业岗位的职业标准和岗位需求，以职业能力培养为核心，以职业技能训练为重点设置课程，建设优质核心课程，形成模拟仿真职业能力培养体系。学生在校期间接受模拟工程设计训练，熟悉岗位工作流程，在做中学、学中做，培养职业能力素养。

4. 双师共育，打造专兼结合、结构合理的师资队伍

由行业企业与学校人员共同担任专业带头人，实行双专业带头人负责制。负责组织行业与企业调研、进行人才需求分析、确定人才培养目标的定位、组织课程开发与建设工作、主持课程体系构建工作、主持相关教学文件的编写、组建教学团队等专业建设。骨干教师主要参与人才培养方案、课程标准的制定；进行核心课程的开发与建设；编写相关教学文件；进行校内实训室建设。行业企业具备丰富的实践经验和较强专业技能的企业一线技术人员派驻进校担任兼职教师，承担一定的教学任务，指导实训；参与人才培养方案的编写；参与课程开发与建设；参与特色教材编写；参与实习实训基地建设。

（二）建设成效

1. 占据高点，电梯标准出杭职

电梯工程技术专业先后完成四个不同层级标准的编制工作：作为编写组组长单位，牵头完成人社部《电梯安装维修工作国家职业技能标准》编写（国家最高标准），参与起草中国特种设备安全与节能促进会牵头的团体标准《物联网采集信息编码与数据格式》、中国电梯协会牵头的团体标准《电梯安装、改造、修理和维护保养作业人员培训规范》、中国职业技术教育学会职业教育装备专业委员会牵头的《高等职业学校电梯工程技术专业实训教学条件建设标准》。主持人社部《电梯安装维修工作国家职业培训教程》开发，完成由浙江省人社厅委托的"电梯安装维修技能等级（1至5级）"考核题库命题工作。在"电梯标准出杭职"的影响下，全球电梯三巨头（美国奥的斯、瑞士迅达、芬兰通力）齐聚杭职，打破了电梯行业常见的互不协同布点的壁垒。

2. 协同培养，"三师育人"模式特色明显

构建了学历教育、从业资格培训、技能等级培训、检验员培训和管理员培训5大人才培养培训体系，立足电梯岗位的技术技能训练和职业素质的养成，开发"学训合一"的现代

学徒制课程体系。将省特检院（行业）的特种设备法贯宣能力、奥的斯和容安等企业的实操能力和学校的课程编制、教学组织能力有序结合，行业企业常驻学校技术人员达42名（其中全国职业技能大赛金奖获得者3人），授课课时数占专业总课时数的58%，形成了业内颇具特色的"三师共育"教学模式。制定《特种设备学院学力证书认定办法》，推行电梯工程技术专业毕业生的"四证书"制度，提升人才培养的实效性和针对性。依托省级首批协同创新中心，培养电梯评估与改造应用技术复合型人才。该专业学生在大二就被企业抢订一空，在全国首届电梯安装维修工技能大赛中，该专业学生获得了学生组第一名荣誉，获评"技能新星"。电梯专业先后成为国家级现代学徒制试点专业、省特色专业。

3. 育训结合，社会服务成绩受肯定

年培训5 000多人次，培训收入1 200多万元，成为浙江省电梯领域重要的技术方案输出地，累计技术服务金额超150万元。多次为全国首个电梯应急处置中心（杭州市特种设备应急处置中心）提供数据分析和决策支持。是中国特种设备与安全节能协会指定的全国电梯检验员能力提升基地，浙江省一类电梯技能大赛指定承办基地，承办国家、省、市各级电梯维修工职业技能大赛。依托电梯人才培养联盟，开展"电梯精准扶贫"，获省委书记车俊书记批示、国务院扶贫办肯定，浙江新闻联播专题报道，该项目被教育部评为"十二五"高校扶贫典型案例。

五年的时间，电梯工程技术专业建成国家高技能人才培训基地、教育部第二批现代学徒制试点专业；主持电梯工程技术国家教学资源库建设；主持人社部《电梯安装维修工国家职业技能培训教程》《电梯安装维修工国家职业技能鉴定题库》开发；获国家级教学成果奖1项，完成了从无到有、再到全国一流的蝶变。

三、建设发展专业群——电梯工程技术专业群

（一）存在挑战

虽然电梯工程技术专业已经建成，并跻身全国一流，但随着时代的发展，电梯技术技能人才培养又迎来了新挑战。

（1）电梯技术技能人才培养与产业发展需求存在结构性矛盾。主要体现在两个方面：一是全国制造产量排名前五的电梯企业有四家在浙江建厂，但仍处于中低端，高端电梯仍依赖国外进口，急需一批熟悉电梯产品结构、具备高端智能制造能力的技术技能人才，以提升我国电梯制造国际竞争力。二是电梯产业正由生产型制造向服务型制造转型，电梯的维保、改造、加装和基于物联网的电梯故障自诊断及监管越来越受到政府的重视。行业急需具备电梯维修技能，同时掌握物联网技术、人工智能技术及大数据分析能力的复合型、创新型的电梯人才，来服务电梯"按需维保"的发展趋势。

（2）电梯产业"从传统制造、生产型制造向高端制造、服务型制造提升转变"对细分岗位提出更高标准。电梯产业链典型企业中电梯全生命周期上下游环节，存在包括电梯设计、电梯零部件生产、整梯制造、自动生产线维护、电梯装调、电梯维修保养、电梯检验、电梯评估、电梯升级改造、电梯物联网设备装调维护、基于电梯大数据的智慧监管等环节中。其中，电梯安装、电梯维保、电梯检验检测等岗位均符合高职技术技能人才培养定位。

因此，迫切需要整合与新增专业，建设电梯工程技术专业群以满足电梯行业发展需求。

(二) 建群发展

1. 分析产业链, 找准岗位群

根据电梯全周期产业链上的岗位群, 将产业链上有工作关系的岗位串联, 找准高职层次的技术技能人才岗位, 将其对应的专业组织成专业群, 如图 2-1 所示。

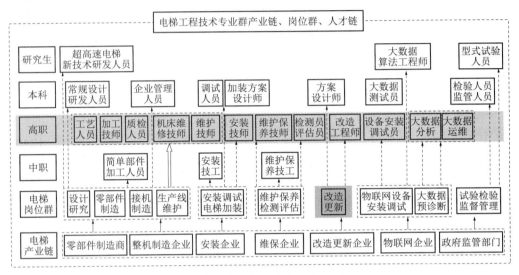

图 2-1 基于电梯产业链的岗位群和人才链示意图

2. 组建专业群, 重构课程体系

针对电梯生产制造、售后服务和智能物联三个电梯产业重点领域, 以"岗位描述、任务分析、能力定位、课程固化"为依据, 组建以电梯工程技术专业为龙头, 以机械设计与制造、工业机器人技术、机电一体化技术三个专业为骨干的电梯专业群; 以电梯这一典型特种机电设备为载体, 重构专业之间的逻辑关系和专业群课程体系, 适时动态调整专业, 实现专业群人才培养供给侧和电梯产业需求侧动态匹配。

3. 定位精准, 融合专业群人才培养与电梯产业需求

服务电梯产业转型升级和保障电梯公共安全, 精准对接电梯三大领域, 培养电梯产业发展急需的复合型技术技能人才。一是围绕电梯生产制造领域, 重点建设机械设计与制造、工业机器人技术专业, 培养掌握复杂电梯零部件制造技术、自动生产线维护能力的高素质技术技能人才, 提升电梯整机、零部件制造能力。二是围绕电梯售后服务领域, 重点建设电梯工程技术专业, 培养掌握电梯安装、维保、改造等岗位要求的复合型电梯技术技能人才, 保障电梯使用公共安全。三是围绕电梯智能物联领域, 重点建设机电一体化技术专业, 深化传感器应用、物联网设备装调与应用, 实现电梯智慧监管、故障预判, 助力电梯产业转型升级。随着大数据技术应用的推广, 发展大数据技术与应用专业, 培养掌握电梯大数据分析处理能力的电梯数据人才, 推动电梯产业融入智慧城市建设。电梯工程技术专业群重构如图 2-2 所示。

2019 年, 特种设备学院组建起以电梯工程技术专业为龙头, 以机械设计与制造、工业机器人技术、机电一体化技术三个专业为骨干的电梯专业群, 并成功入选国家"双高计划"高水平专业群。至此行校企育人共同体的优势已充分显现, 但其建设与发展仍在继续, 行校

企共同助力产业发展的效应仍在不断扩大。

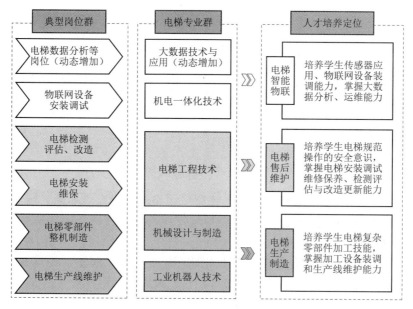

图 2-2　电梯工程技术专业群重构示意

第三节　行校企育人共同体的运行与建设

一、以行校企合作办学为立足点，创新校企合作体制机制建设

（一）深度融合，建立各方资源互补共赢机制

建立省特科院以及电梯企业建立校企合作工作委员会会商制度，定期商议合作办学工作。建立校企合作资源投入产出机制，把学校的教育资源、企业的市场资源以及省特科院的行业资源集合起来，依托校企共同体，推动协同单位为专业群建设提供符合电梯产业要求的最新设备、最强师资和最优资源。学校层面，将专业群投入优先列入学校年度经费预算，专业群所在二级学院年度预算基础系数高于全校平均值；行业层面，浙江省特种设备科学研究院投入超过 1 000 万元设备建设各类技术技能创新平台；企业层面，企业投入超过 1 000 万元设备（企业准捐赠）建设各类产教融合型实训基地。依托深度合作撬动行业企业的人力资源和设备资源等投入，为行校企育人共同体建设提供保障。

（二）企业主体，实行理事会领导下的院长负责制

由杭职院、省特科院和企业三方，按照"市场导向""整合资源"和"服务社会"的原则，共同组建特种设备学院。成立特种设备学院理事会，学院实行理事会领导下的院长负责制，院长由省特科院派出，第一副院长由学校派出，副院长由企业派出。建立理事会议事制度和院长办公会制度，特种设备学院重大事项由理事会商议决定，日常运行由院长办公会决定。

（三）学校主导，建立人才培养运行机制

充分发挥学校在合作育人中的主导作用，建立与现代学徒制教育理念相适应的教学组织形式和管理制度。制定《特种设备学院校企共建实训基地管理办法》《电梯工程技术专业现代学徒制人才培养实施细则》等教学管理制度，促进教学改革和课堂创新。制定《特种设备学院学力证书认定办法》，推行电梯工程技术专业毕业生的"四证书"制度，提升人才培养的实效性和针对性。

（四）自我造血，构建社会资源反哺专业群建设机制

充分发挥专业群人才培养、社会公益、技能培训和技术研发等职能，构建"开放共享、循环运行"的资源反哺机制，提升专业群可持续发展的韧劲。依托电梯协会与电梯人才培养联盟，发挥学校在国内电梯人才培养领域的高地作用，吸引社会机构和企业积极投身"电梯教育基金"。依托杭州市公共实训基地、国家电梯中心（浙江）等具有一定社会公益功能的技术技能平台，通过承担政府购买服务项目，汲取政府财政投入；依托产教融合型实训基地，以《股份制实训基地建设与管理办法》等制度建设为主要抓手，加大社会培训服务能力，提升社会培训服务收入，实现实训资源与市场同步更新；以电梯评估与改造应用技术协同创新中心等为平台，加大技术技能创新服务力度，承接各类项目，提高横向收入，反哺专业建设。

二、行业企业深度参与，推进专业人才培养模式改革

（一）明确培养目标，实现专业定位动态优化

依托浙江省特种设备安全与节能协会，对接电梯企业，明确专业方向定位于电梯产品的安装、调试、维修与升级改造，区别于中职、本科的能力定位层级。依托电梯人才培养联盟，建立全国性的电梯专业建设委员会，实现电梯工程技术专业与产业发展的动态匹配。

（二）重构课程体系，以职业实践为中心来组织教学内容

立足电梯岗位的技术技能训练和职业素质的养成，开发体现现代学徒制特色的课程体系。以电梯岗位实践需求为培养目标，在明确四大工作任务（MIAS）基础上，实施技能培养阶段化（电梯维保、电梯装调、电梯大修三个阶段）。在机电基础及电梯结构原理知识基础上，以七大电梯模块为载体，重点建设《电梯维修与保养》等专业骨干课程。推进培养内容项目化，实现学生职业技能的梯级提升，最终建成基于工作岗位的"阶段培养、梯级递进、学岗融通"课程体系，如图2-3所示。

（三）集成各方资源，加强电梯优质教学资源开发

与奥的斯、通力、迅达等国际知名电梯企业组成电梯综合实训项目开发团队，共同研讨职业技术领域的典型工作任务，提炼递进式专业综合实训项目，完成电梯综合实训项目实施方案、教学标准、指导手册的设计等。采用基于3D的虚拟现实技术开发电梯实训资源。以

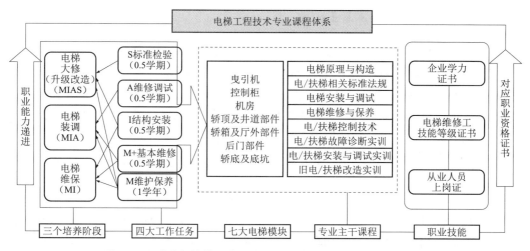

图 2-3 "阶段培养、梯级递进、学岗融通"的专业课程体系

生产实践资源为基础,以现代信息技术和手段为保障,建成一个资源内容丰富、先进技术支撑、可持续更新的智能、共享、动态的电梯教学资源库。依托电梯人才培养联盟,充分调动各方的建设积极性,积极推动电梯实训资源的集成创新和协同创新。

(四)实施小班化教学,推进实践教学模式创新

优化行业龙头企业奥的斯电梯技能实训体系,根据电梯维护保养维保项目、位置、频次和难度不同,将不同型号部件维护保养工作建设成教学项目。灵活构建项目模块,实现项目积木化,满足小班化实践教学的教学组织需要。建立专门用于学徒实训的"0号实训室"和"0号井道",每个"0号实训室"不超过12人,每个"0号井道"不超过6人。采用现代化的可视头盔教学系统,让每个学徒能清晰地看清和理解师傅的每步操作动作,并能和在井道内部进行技能讲解的师傅进行实时对话,提高学徒培养效率。

三、以"身份互认、角色互换"为着力点,推进"混编"专业教学团队建设

充分发挥特种设备学院企业技术能手"常驻学校、管理统一"的优势,校企共同组建一支高水平"混编"教学团队。实施"教师下井道,技师进课堂"计划,构建教师队伍培养培训体系,从专业带头人、骨干教师和兼职教师三层级培养,明确各层级的培养定位。注重技能培养,按照电梯检验导师、电梯维保导师和电梯改造导师等多个类型,有针对性地提升师资队伍能力。电梯工程技术专业教学团队建设计划如图 2-4 所示。

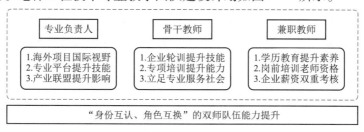

图 2-4 电梯工程技术专业教学团队建设计划

（一）立足行业平台，提升专业带头人电梯行业影响力

与国际知名电梯企业合作，实施专业负责人海外提升计划，学习先进的经验。利用电梯专业在国家特种设备科技协作平台电梯专业分会、中国特种设备安全与节能促进会等行业机构的影响力，加强专业负责人与电梯行业、企业交流和兼职力度，提升专业负责人行业地位。依托电梯人才培养产业联盟和电梯评估与改造应用技术协同创新中心，与企业进行项目协同开发，提升专业负责人产品研发能力。

（二）着眼技能提升，提高青年骨干教师可持续发展能力

依据电梯专业实操技能实战性强的特点，制订电梯专业青年骨干教师发展能力提升计划，并每年对规划进行评估和修订。深化访问工程师项目，深入电梯制造单位、维保单位提升电梯装调能力，拓展电梯设计、制造、安装、调试、维保和检验六个环节的知识面。依托电梯评估与改造应用技术协同创新中心，实施骨干教师与行业专家结对培养制度，提升青年骨干教师协同创新能力。将青年骨干教师送到国际知名电梯企业的人力资源部门，接受国外先进的职业教育理念的熏陶，学习国外先进职业教育的教学模式和方法，提升双语教学水平。

（三）发挥常驻优势，强化企业一线技师教学实施能力

发挥浙江省特种设备检验研究院、奥的斯培训中心和杭州容安特种设备职业技能培训有限公司一线技师常驻学校的天然优势，建设一支"水平高、能力强、教学优"的兼职教师队伍。通过学历教育提高其理论水平，鼓励并支持常驻教师考取教师资格证，提升教学水平。加强兼职岗前培训，有针对性地开展TTT培训，提升兼职教师的教学实施能力。制定《特种设备学院常驻学校兼职教师管理办法》，完善对企业技师教学实效的考核，对教学优良的教师，通过"电梯特工师徒基金"给予资金奖励。

四、以"真情实境、注重实战"为出发点，强化实训基地建设

以"宽基础、精方向、活模块"为建设思路，在原有实训基地的基础上，更新、扩建和新建多个以满足行业对职业技能新需求的实训室，构建电梯工程技术专业实践教学体系。

（一）以"宽基础"为原则，拓展基础技能实训基地功能

依托杭州市公共实训基地和国内规模最大的特种设备实训基地，夯实机电基础能力实训。根据电梯作为特种设备的规范性强的特点，在原来模拟性强的实训室，增加标准模块，提高基础实训的针对性和有效性。以满足电梯工程技术人员基础实训课程需求，扩建基于电梯产品的基础类实训室，以满足《电梯电气控制与PLC》《变频器与触摸屏应用技术》等课程的教学需要。

（二）以"精方向"为导向，完善专业技能实训基地建设

根据学生职业倾向和能力定位的不同，按照课程体系中"三个阶段、四大任务"的技

术技能人才培养思路，细化了各培养方向的实训室建设。完善电梯安装实训基地、电梯维修保养实训室、电梯电气实训室和 VR 虚拟实训室，夯实电梯维护保养、电梯安装、装调和维修方向的专业技能实训室，以满足《电梯维护保养基础与实践》《扶梯故障诊断实训》等课程的实训需要。

（三）以"活模块"为目标，推进实战岗位实训基地建设

基于电梯岗位技能实战性的要求，结合专业岗位方向的具体技能需求，对接电梯 7 大模块，推出自主选择的"菜单式"课程模块，满足现代学徒制所需要的师带徒"小班化"培养要求。推进电梯检验检测实训室、电梯评估改造实训室建设，并通过信息化手段实现实训内容的可视化。建成满足课程需求的实训基地，通过实战岗位实训提升电梯风险识别、维修等核心能力。

五、以"资源互通、平台共享"为纽带，完善专业群建设

（一）建立学期项目资源库，实现特种设备资源的集成互通

以典型特种机电（含电梯）产品、智能生产线及相关企业项目为教学载体，将特种机电设备项目资源在专业群内打通共享。建设学期项目课程的教学资源库，对企业项目进行整合创新。以项目为核心重组教学内容，将学与做相融合，知识讲授与技能锻炼同步进行。构建"专业基础课程+学期项目课程"的人才培养模式，通过系统性的教学设计改造，将学期项目课程与专业基础课程相融合，培养学生创新能力，提高人才培养的有效性。学期项目课程资源库如图 2-5 所示。

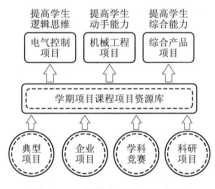

图 2-5 学期项目课程资源库

（二）完善专业群实训室建设，构建共享性高的技能实践平台

建成一个"智能高端、示范共享"的特种机电设备实训基地，促进机电专业人才培养。建设特种设备电气控制技能实训室、智能生产线装调维修实训车间、特种设备 PLC 与人机界面控制实训室、特种设备维修技能大师工作室和大学生创新创业平台等共享程度高的实训中心，为学生技能提升和大学生创新创业提供强有力的条件保障。

六、以"资源共投、利益共享"为动力点,提升社会服务能力

基于"行校企共同体"的"资源共投,利益共享"机制,不断完善实训基地功能,提升师资力量水平,以服务"幸福、智慧"电梯城市为己任,大力开展各类社会化服务。

(一)依托创新平台开展立地式研发,促进电梯产业升级

按照市场化原则,建设电梯评估与改造应用技术协同创新中心。通过任务牵引,吸纳中国计量大学、浙江特种设备安全与节能协会、杭州西奥电梯有限公司等创新力量,组建"链式合作"模式。开展电梯评估与改造技术及产业化研究,电梯主要安全部件失效机理研究,推进电梯管理维保监管及使用模式优化,为提升区域内电梯安全性做出贡献。完成电梯评估 3 000 台,协助企业改造电梯 1 800 台,成为省内主要的电梯改造技术方案输出中心。电梯工程技术专业社会化服务平台如图 2-6 所示。

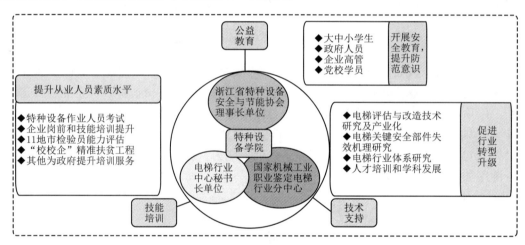

图 2-6 电梯工程技术专业社会化服务平台

(二)紧贴市场需求开展技能培训,提升行业技能水平

利用集聚电梯行业培训资源的优势,把学院打造成为浙江省专业从事电梯技能培训的职工培训平台、省内特种设备作业人员证考试平台、电梯企业的入职岗前和在职技能提升培训的技能认证平台和浙江省十一个地市的电梯检验员(事业单位)评估能力提升平台。积极开展"校校企""退伍士兵技能培训"项目,为对口支援院校、政府需求提供培训服务。按照产业发展动态,适时调整鉴定标准,引领特种设备岗位能力的转型升级,促进电梯从业人员能力素质水平提升。开展各类培训 10 万人次,相关收入 1 亿元。

(三)发挥公益特征开展安全教育,普及使用安全意识

依托特种设备学院海宁尖山校区特种设备安全教育基地,发挥特种设备的特殊性、普及性和专业性的特点,开展面向大中小学生、政府领导、企业高管和党校学员等安全科普教育,重点做好电梯事故模拟、游乐设施安全事故逃生等科普教育,提高社会对特种设备的规范使用意识和安全防范意识。开展科普教育 4 000 人次以上。

第三章　育训合一行校企共建产业学院

聚焦专业发展，构建三链对接、育训合一的培养模式。针对电梯生产智能制造和智能物联等电梯产业重点领域，行校企共建产业学院，打造以电梯专业为龙头，机械设计与制造、机电一体化、工业机器人技术等为骨干专业的电梯专业群，培养掌握复杂电梯零部件制造技术、电梯大数据技术和智慧监管等方面的人才，推进专业链、人才链接与产业链高度匹配。重塑教学实施路径，采用模型教学法、井道可视教学法、VR教学法等，实现"井道就是教室、教室就是井道"的课堂革命，实现人才培养模式多样化。

第一节　三链对接，打造高水平专业群

一、专业群建设概述

所谓专业群，就是由一个或多个办学实力强、就业率高的重点建设专业作为核心专业，若干个工程对象相同、技术领域相近或专业学科基础相近的相关专业组成的一个集合。专业群的两大特征是：第一，专业群内的专业是围绕行业设置形成的一类专业，具有相同的工程对象和相近的技术领域。反映在教学上就是各专业实训任务体系相近，共性的实验实训项目较多，设施、设备共享程度高。第二，专业群内的专业是长期办学过程中依托某一学科基础较强的专业逐步发展形成的一类专业，各专业具有相同的学科基础，专业基础课程和师资队伍重合度高。

杭州职业技术学院电梯工程技术专业群是依托杭州市电梯产业集群优势，针对电梯生产制造、售后服务和智能物联三个电梯产业重点领域，以"岗位描述、任务分析、能力定位、课程固化"为依据，以电梯工程技术专业为龙头，以机械设计与制造、工业机器人技术、机电一体化技术3个专业为骨干组建的，专业群致力于服务电梯产业转型升级和保障电梯公共安全，精准对接电梯三大领域，以培养电梯产业发展急需的复合型技术技能人才为目标和宗旨。

杭州职业技术学院特种设备学院电梯工程技术专业群经过多年建设与发展，已初步具备以下6大优势与特色。

(一) 行企校融合度较深，体制机制建设具有全国影响力

专业群隶属于特种设备学院、友嘉机电学院两大"产教融合特色明显、行业资源集聚度高"产业学院，构建了理事会领导下的院长负责制等一系列校企协同育人机制，运行已经超过 12 年，效果显著。浙江省特种设备科学研究院及其下属企业、友嘉集团在杭 12 家企业的相关部门成建制迁入学校，与市场高度接轨的产教融合型基地相继建立，实践能力超强的一线技师队伍常驻学校，源自典型岗位的教学资源全面融入。"特种方案"和"友嘉模式"得到省委原书记车俊、教育部原副部长鲁昕、林蕙青等领导的高度赞扬，吸引了全国 800 多所高职院校来校交流考察。

(二) 育人成果丰硕，电梯人才培养全国领先

电梯工程技术专业群构建了学历教育、从业资格培训、技能等级培训、检验员培训和管理员培训 5 大人才培养培训体系，打造了电梯专业人才培养的"杭职标杆"；全球电梯三巨头（美国奥的斯、瑞士迅达、芬兰通力）齐聚杭职，打破了电梯行业常见的互不协同布点的壁垒；全球前十大电梯企业中国区负责人现场考察学校人才培养工作；中国特种设备检验协会把杭职院的电梯人才培训体系向全国推广；吸引全国兄弟院校的电梯专业师资、学生来校培训，连续 3 年开展全国电梯专业师资能力提升班；电梯专业学生在大二就被企业抢订一空，在国内电梯行业内，形成了"电梯人才培养看杭职"的行业共识。

(三) 设施设备先进，实训条件全国一流

电梯工程技术专业群与合作企业共建、共享、共管"一中心五基地"，包括国家电梯产品质量监督检验中心、杭州市公共实训基地、友嘉集团华东区数控精密加工基地、浙江省特科院电梯培训基地、奥的斯电梯华东区实训基地、杭州市 96333 电梯故障数据综合实训基地，设备总值超 9 000 万元，年电梯培训 3 万人次，收入 1 300 多万元；是全国首个集电梯制造、型式试验、安装、调试、维保、大修、改造及故障数据分析处理的生产性实训基地；是中国特种设备检验协会指定的全国电梯检验员培训考证基地及检验员、检验师能力提升基地。

(四) 资源整合能力强，产学研用平台行业一流

整合省特科院行业资源优势和杭职院技能人才培养优势，建立集技能培养与考核认证于一体的电梯人才培训认证中心（发证大厅整体迁入学校）。整合中国计量大学、国家电梯产品质量监督检验中心（浙江）研发资源，共建省内唯一的电梯评估与改造应用技术协同创新中心。杭职是浙江省特种设备安全与节能协会唯一高校副理事长单位，其电梯行业分中心秘书处常驻校内。与杭州市特种设备应急处置中心（96333）共建杭州电梯大数据中心，共享电梯故障案例数据，培养具有电梯故障分析、数据处理能力的复合型人才。

(五) 双师互融度高，师资队伍素质行业领先

专业群与浙江省特科院、友嘉集团共建共享专家团队；现有专任教师 52 名，高级职称教师占比超过 50%，全国技术能手 1 名，浙江省首席技师 1 名，拥有 3 年以上企业工作经历

的教师超过 70%；同时拥有 42 名来自企业一线的技师常驻学校（其中 3 名兼职教师曾荣获全国职业技能大赛"育人标兵"称号），平均从业年限超 15 年。

（六）具有较强的社会服务能力

首创"校企精准扶贫班"，得到省委书记批示、国务院扶贫办肯定，被教育部评为"十二五"高校扶贫典型案例。开展南非留学生电梯技能培养项目，被南非工业总署誉为"中国最好的技能培训基地"，助力国内企业成功布局非洲。投资 2 000 万元，建成全国首家特种设备安全科普教育基地，填补了特种设备科普教育的空白。主持和参与制定《电梯安装维修工国家职业技能标准》（编写组长单位）等技术规范及标准 5 项。完成了 G20 杭州峰会的电梯安全评估及保障任务，成功中标百万级的政府电梯安全隐患排查工程，协助企业完成了 500 台电梯评估改造。特种设备学院电梯实训基地获批浙江省高等学校省级产教融合示范基地。先后 4 次承办国家、省、市电梯技能竞赛，成为浙江省一类技能竞赛指定承办单位。

专业群经过省优质校建设，省产教融合型示范基地建设及两年的"双高"建设，获得了一系列标志性成果。

国家级：

（1）《基于"创业带动学业"的高职院校创业教育体系构建与实践》荣获 2014 年国家级教学成果奖二等奖。

（2）《公共实训基地"杭州模式"创新与实践》荣获 2018 年国家级教学成果奖一等奖。

（3）首批国家级课程思政示范课程项目：《电梯检测技术》。

（4）国家级课程思政教学名师：楼晓春、潘建峰等 8 名教师。

（5）第二批国家级职业教育教师教学创新团队：机电一体化技术专业教师团队。

（6）国家级职业教育示范性虚拟仿真实训基地：特种设备虚拟仿真实训基地。

（7）主持国家级职业教育电梯工程技术专业教学资源库。

（8）国家级生产性实训基地：电梯装调与维修实训基地。

（9）全国高职、本科层次电梯工程技术专业教学标准研制组长单位。

（10）国家现代学徒制试点专业：机械设计与制造、电梯工程技术专业。

（11）教育部"高校定点扶贫典型案例"：电梯专业"培养一个学生，脱贫一个家庭"。

（12）中华职教社"温暖工程"优秀组织管理奖（电梯专业精准扶贫）。

（13）全国职业院校决胜脱贫攻坚"先进集体"称号。

（14）作为编写组组长单位牵头编制电梯安装维修工国家职业技能标准（GZB6-29-03-03）。

（15）学生技能大赛获国家级以上奖项 4 项。

省级：

（1）第二批浙江省党建示范标杆院系。

（2）浙江省教师教学能力大赛一等奖（推荐国赛）。

（3）浙江省高等学校省级产教融合示范基地：特种设备学院电梯实训基地。

（4）浙江省首批课程思政示范课程项目：《电梯检测技术》。

（5）浙江省高校"十三五"特色专业：电梯工程技术专业。

（6）首批浙江省应用技术协同创新中心：电梯评估与改造应用技术协同创新中心。

(7) 浙江省"十三五"高等职业教育示范性实训基地：电梯装调与维修实训基地。
(8) 首批浙江省高校党建特色品牌："党建助力精准扶贫，学生实现体面就业"。
(9) 2019—2020 年度浙江省"三育人"岗位建功先进集体单位。
(10) 浙江工匠、浙江省高校优秀共产党员：孟伟。

目前高职专业群建设存在以下几个方面的问题。

（一）专业群内部各专业间协作及资源整合有待加强

专业群建设统筹有待进一步加强。双高建设是系统工作，涉及专业群的整体建设与规划，目前在各项教学、实训、科研、学生竞赛指导、社会服务中专业群内不同专业的教师之间的配合协作还不够紧密，各专业的资源融合共享还有待深化，专业群的系统性与统筹性需要加强。

（二）教学场地、实训条件与需求之间存在矛盾

随着专业群不断发展，招生培训规模急剧扩大，行业企业对人才培养质量需要不断提出新的更高要求，原有实训场地容量有限、多媒体教室短缺等问题日益突出，影响了日常教学秩序与教学质量。

（三）师资队伍学历结构需进一步优化

近年来，学院加快人才引进步伐，但具有博士学历的高层次人才在师资占比还有待进一步提升，对照双高建设打造国内一流、在国际上有较高影响力的专业群，高层次人才缺口仍然较大。同时，随着招生人数的增加，辅导员队伍建设也需要进一步扩大和加强。

（四）专业群高水平科研成果亟待突破

专业群科研基础较为薄弱，科研定位不够清晰，打破专业隔阂，在科研团队组建及实验室建设方面需要进一步深化，力争高层次科研成果实现点的突破。

（五）产业贡献力及社会服务方面存在不足

缺少对所培养的技术技能人才职业成长轨迹的持续性跟踪，对人才的行业贡献度缺少相关佐证的第一手资料。专业群教师整体解决工程问题的能力有待进一步提升，面向区域中小微企业开展技术服务的能力尚有所欠缺，企业影响力不足。

（六）国家级大赛获奖数对照双高目标还有差距

专业群的学生国家级获奖不足。竞赛所需设备的种类和台套数尚不能满足所有竞赛的需求，指导教师的个人培训有待进一步加强。由于疫情影响，国家级技能大赛为 2 年举办一次，对于学院承办国家级赛事及获得好成绩增加了难度。

（七）同行辐射力方面存在差距和不足

专业群在技术技能大师工作室、国家级规划教材等方面与头部优秀职业院校之间还存在差距，与区域职业院校相比优势与影响力不够明显。

（八）国际影响力方面还存在差距和不足

由于受疫情影响，国际化办学进展缓慢，除留学生实操技能培训标准在南非留学生的基础上已经完成制作了4项（共8项）外，国际电梯职业教育合作联盟、鲁班工坊及吸收留学生300人以上等计划还未有效实施。师生境外访学、国际交流项目基本未开展。

二、专业群建设推进策略

专业群建设以"产业链—人才链—专业链"的对接融合为内在逻辑，推进系列改革，打造高水平专业群。

（一）以"重复合强供给"为目标，推进人才培养模式改革

围绕高端装备制造产业集群的先进制造业，基于三链对接逻辑，重点梳理产业生命周期典型链环，择取电梯产业中具有高职人才类型特征的岗位群，即电梯等通用设备制造企业的工艺技师、维保技师、安装调试员等职业岗位，强化类型教育思维，将思政教育、劳动教育、特种设备安全教育、工匠精神融入课程体系，以强化复合型人才配套供给能力为宗旨，精准对接产业，实现电梯专业群人才培养定位和专业群结构"双调整、同优化"；推进基于"1+X"证书制度的电梯工程技术专业群复合型人才培养模式改革，强化高素质技术技能人才供给侧改革。多线程并行推进具有岗位特色的人才培养模式改革和教学方法改革，完善现代学徒制人才培养模式改革，提升学徒培养质量；构建拔尖人才培养机制，提升学生创新能力；联合知名电梯企业及电梯专业院校共建全国电梯人才培养联盟，推进电梯人才培养与产业需求动态匹配。

（二）以"开放、共享"为重点，强化课程教学资源建设

以电梯专业国家教学资源库建设为契机，建设适应电梯产业转型升级需求和学习型社会需求的专业群教学资源库，全力打造两大特色教学资源中心（电梯安全风险教学资源中心、国际教学资源中心）。构建三链融合的"行、企、校"课程教学资源协同共建机制、课程教学资源共享机制与教学资源库动态管理机制，确保电梯教学素材取之于行业企业、用之于人才培养。

（三）以"课堂革命"为导向，推进教材与教法改革

重组教学内容，联合电梯产业主流企业，紧贴国家标准，突出高安全性特征，开发满足育训结合的新型活页式、手册式教材。重塑实施路径，积极采用项目教学法等方法，推进基于小班化的多形态教法改革。改革教学时空，实现"井道就是教室、教室就是井道"，推动课堂革命。

（四）以"双师型、结构化"为旨归，打造高水平教师队伍

以"四有"标准为基石，定期开展师德师风专项学习。依托工程教学中心、教师发展中心、技能大师工作站三类平台，增强教师队伍"善教学、会实操、能研究"的复合型能力；实施专项工程，打造专业（群）带头人、教学名师、兼职教师这三支精干队伍；建立

共建、共培、共管的"三共"机制，提升"行、企、校"协同育人水平。培养省级以上专业（群）带头人3名、全国有影响力专家型教学能手2名、骨干教师30名。从企业聘请4名绝技绝艺的技术能手作为兼职专业带头人，聘请2名境外专家指导专业国际化建设，建成国家级教师教学创新团队。

（五）以"融产教、通育训"为抓手，打造高水平实践教学基地

整合省特科院、奥的斯、友嘉实业、西奥电梯等行业企业资源，重点打造两大实训平台——专业群共享型实训平台和产教融合型实训平台，建设包括电梯智能制造、电梯自动化装配、电梯工程服务等专业群共享实训平台。进一步完善实践教学资源共建共融机制，建成实践教学资源兼具人才培养、社会培训功能机制，完善成本共担、收益共享的资源投入与分配管理机制。

（六）以"建载体、创机制"为举措，打造技术技能创新平台

聚焦电梯产业转型升级和公共安全需求，以加强应用研究、集成创新和成果转化为抓手，建设国家电梯中心、电梯评估与改造应用技术协同创新中心、电梯大数据处理中心、电梯零部件智能制造中心和电梯安全认证平台的"四中心一平台"，打造电梯工程技术专业群技术技能创新载体。建立行校企创新资源协同供给机制，构建多层次、多渠道、高水平的创新资源集聚模式；以技能大师工作站为引领，重点建设大师工作站和学生创新中心，全面提升师生技术技能创新能力。

（七）以"提能力、保安全"为支点，提升服务发展水平；联合省特科院，紧贴市场需求开展技能培训，提升行业技能水平

面向城市公共安全，开展安全教育，普及安全知识，提高公众防范风险意识和应急处置能力。服务国家战略，扩大精准扶贫电梯人才培养联盟范围，完善扶贫资金等资源集聚机制，电梯工程技术专业群社会服务能力建设。

（八）以"促交流、转产能"为契机，打造电梯职业教育国际化品牌

推进包括"行、企、校"在内的"一带一路"沿线国家电梯职业教育合作联盟建设。继续制定电梯国际化培训标准，打造援外培训品牌。依托中非职业教育合作联盟，培训境外留学生。筹建"多语种电梯工程技术专业群资源库"，搭建国际电梯学习和交流线上平台，助力企业"海外布局"。加大"走出去、请进来"力度，通过教师出国研修、学生访学、国际交流等项目，提升师生国际化视野。

（九）以"建保障、可持续"为重点，构建专业群良性循环发展机制

推进以群建院后的组织保障，构建多方协同管理机制。强化资源整合，进一步构建各方资源共建共享机制，推动协同单位为专业群建设提供符合优质教学资源。强化自我造血功能，通过技术技能服务、社会服务等途径，构建社会资源反哺专业群建设机制。强化整改建设，完善质控机制，构建质量保障体系。

第二节 育训合一，形成育训互通的育人格局

一、行校企共同制定标准

特种设备学院整合杭职院、浙江省特检院、电梯企业三方资源，发挥"学校办学力""行业资源力""企业市场力"三大优势，探索"资源共投、利益共享、风险共担"的行校企利益共同体模式，构建了理事会领导下的院长负责制等一系列校企协同育人机制，产教融合特色明显、行业资源集聚度高，行校企共同制定标准，推进协同创新中心体制机制的构建。至今，学院有序运行已超过6年，成效显著。

电梯工程技术专业隶属特种设备学院，学院联合中国特种设备安全与节能协会、中国电梯协会等行业组织，推动教育领域的电梯职业技能等级证书标准编制，争取列入教育部职业技能等级证书管理目录。参与成立由行业牵头、教育部认可的职业技能培训鉴定组织，率先开展基于"1+X"证书制度的人才培养模式改革。

二、行校企共建师资

进一步完善理事会领导下的院长负责制，增设由教学副院长分管的校企师资管理办公室，构建了行校企师资队伍"三共"机制，即"共建、共培、共管"，统筹校企双方人力资源培养、管理、考核、评价等工作，共同提升行校企师资协同育人水平。发挥浙江省特种设备检验研究院、友嘉集团、奥的斯全球培训中心和杭州容安特种设备职业技能培训有限公司一线技师常驻学校的优势，制定"教师下企业，技师进课堂"规划。实施教师企业、行业经历工程，制定专业教师下企业激励制度，落实5年一周期的全员下企业锻炼6个月制度，做到"一师一岗"（每位教师联系对接一个企业典型岗位）、"一师多案"（每位教师承担多项企业生产实践项目与技术攻关）；建立《教师行业融入度激励办法》，对担任国家行指委、专指委职务以及入选企业专家库的教师给予奖励与政策支持。制定《金牌师傅评定办法》等激励办法，提升一线技术师傅参与教学的积极性。行业、企业常驻学校的能工巧匠承担行业规程、实战化教学（占专业课的58%），学校专任教师负责课堂及实训教学，形成"三方共育"的双师结构的师资团队。

三、行校企共建实训基地

围绕电梯产业链，构建符合专业群人才培养的实习实训基地，重点打造两大实训平台（专业群共享型实训平台和产教融合型实训平台），构建两大机制（基于育训结合的实践教学模块构建机制和基于"供需协调、共建共享"的资源融通机制），夯实专业群岗位基础能力，强化基于能力证书的岗位技能实训，提升学生可持续发展能力，如图3-1所示。

（一）紧扣共建共享要求，构建专业群共享实训平台

针对专业群岗位能力需求，建设"宽基础""精方向"的共享基础实训基地及共享专业

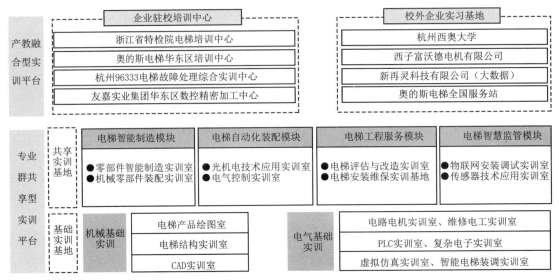

图 3-1 电梯工程技术专业群实训基地建设规划示意图

实训基地。以电梯设备作为载体融入专业群共享基础实训模块，重点建设电梯结构实训室、智能电梯装调实训室等公共基础实训室，夯实专业群内学生的机械、电气操作技能，注重培养学生规范意识及劳动精神，提高学生可持续发展能力。基于电梯工程技术专业群岗位技能模块化培养路径，结合"1+X"证书能力考核要求，围绕电梯智能制造、电气生产线装备、工程服务、智慧监管方向，建设共享专业实训室，实现基地建设和课程建设同频联动；构建学生个人"X"能力考核档案库，实现"1+X"证书能力考核的标准化与智能化。

（二）夯实育训结合基础，建立产教融合型实训平台

引入企业资金和行业资源，建立包含电梯企业员工培训、学校学生培养和行业技术推广功能的具有"股份制特征"的产教融合型实训平台。依托行校企合作优势，与省特检院、奥的斯、友嘉集团、杭州96333等建立校内产教融合型实训中心，完成电梯工程技术专业群学生专业实训，同时面向社会开放。发挥"学校教育力""行业资源力"和"企业市场力"各自优势，提高实训基地社会服务能力和盈利能力，促进产教融合型基地的良性迭代完善。与杭州西奥电梯、友嘉集团、西子富沃德等公司建立校外顶岗实习实训基地，实现学生真实岗位能力的锻炼，增强学生的岗位实战能力，实现学校学生和企业员工的无缝对接。

（三）聚焦协同育人模式，完善实践教学资源共建共融机制

深化基于"1+X"证书制度的育训结合实践模块构建与运行机制。在满足学历教育人才培养的基础上，面向社会电梯产业人员开放专业群模块课程。重组课程内容，面对不同的实践教学对象，以教学周为单位，构建体现不同能力水平的实践教学模块，并根据培训需求不同，对教学模块进行逻辑组合，构建基于技能等级证书模块的育训结合实践模块。电梯装调维保能力培训模块示意图如图3-2所示。社会人员可根据自身职业发展需求和公司人才结构需求选取模块课程作为培训内容，在完成模块课程学习后可参加与模块课程相对应的职业技能等级认证。通过认证的培训人员可从事电梯产业链上相应的工作。

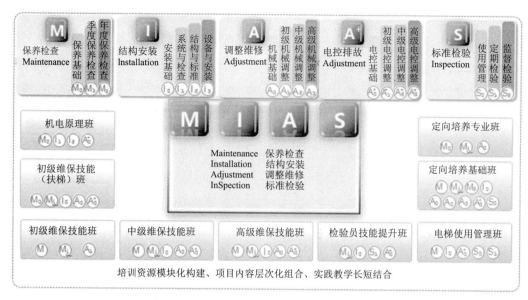

图 3-2　电梯装调维保能力培训模块示意

以《股份制实训基地建设与管理办法》等制度建设为主要抓手，完善成本共担、收益共享的实践资源投入与分配管理机制。在保证人才培养公益性的同时，切实保障企业利益需求，促进企业全过程参与人才培养。推动人才培养按照市场规律和市场需求进行动态调整，增强行业企业在人力资源、设备资源及实训资源投入意愿度，提高校企合作育人的深度和可持续性。整合学校办学资源和专业群课程资源，将专业群学生实训课程体系和企业员工技能培训课程相互衔接，提高对企业的服务能力，打造"以小利换大义"的利益共享互通机制。

第四章　协同创新　行校企共筑技术技能创新服务平台

高职院校作为技术技能创新的重要载体，需要紧密关注国家战略需求、区域经济发展需求、行业企业技术技能需求。还需要提高职业教育对技术进步的反应速度，尤其是在服务企业的技术研发、产品升级、区域技术技能人才的素质提升等方面做好服务供给，探索有效的服务发展路径和模式。包括师生参与企业技术开发、改进生产流程、革新生产工艺、研发新式产品、制定行业企业标准等，构筑高水平的技术技能创新服务平台，提升高职院校的社会服务水平，同时加强产学研用互促，实现多方的共建、共享、共赢。

高职院校打造技术技能创新服务平台的现实背景和现状是怎样的？建设难题是什么？学校电梯专业如何破解这些难题，电梯技术技能创新服务平台如何打造？这些问题是本章要重点探讨的内容。

第一节　高职院校构建技术技能创新服务平台的背景与现状

一、政策背景：国家对技术技能创新服务大力倡导

党的十八大提出实施创新驱动发展战略，强调科技创新是提高社会生产力和综合国力的战略支撑，必须摆在国家发展全局的核心位置。2016年，中共中央、国务院印发《国家创新驱动发展战略纲要》，提出："发展智能制造装备等技术，加快网络化制造技术、云计算、大数据等在制造业中的深度应用，推动制造业向自动化、智能化、服务化转变。对传统制造业全面进行绿色改造，由粗放型制造向集约型制造转变。""围绕区域性、行业性重大技术需求，实行多元化投资、多样化模式、市场化运作，发展多种形式的先进技术研发、成果转化和产业孵化机构。"这在战略层面上提出了对技术技能创新的渴求。

在职业教育内部，教育部、国家发展改革委、财政部、人力资源社会保障部、农业部[①]等联合印发了《现代职业教育体系建设规划（2014—2020年）》，提出："建立重点产业技术积累创新联合体。制定多方参与的支持政策，推动政府、学校、行业、企业的联动，促进

[①] 现农业农村部。

技术技能的积累和创新……规划建立一批企业和职业院校紧密合作的技术技能积累创新平台。促进新技术、新材料、新工艺、新装备的应用，加快先进技术转化和产业转型升级步伐。推动企业将职业院校纳入技术创新体系，强化协同创新，促进劳动者素质与技术创新、技术引进、技术改造同步提高，实现新技术产业化与新技术应用人才储备同步。推动职业院校和职业教育集团通过多层次人才培养体系和技术推广体系，主动参与企业技术创新，积极推动技术成果扩散，为科技型小微企业创业提供人才、科技服务。"此外，《国家职业教育改革实施方案》指出："职业院校应该根据自身特点和人才培养需求，主动与具备条件的企业在人才培养、技术创新、社会服务、文化传承等方面开展合作。"

2019年国家实施"双高计划"。《教育部 财政部关于实施中国特色高水平高职学校和专业建设计划》在总体目标中提出"打造技术技能人才培养高地和技术技能创新服务平台，支撑国家重点产业、区域支柱产业发展，引领新时代职业教育实现高质量发展"，同时将"打造技术技能创新服务平台"列为10大建设任务之一。并且对技术技能创新服务平台的建设提出了明确的要求，根据平台的功能定位，将其分成三类。第一类是人才培养与技术创新平台。该类平台要求对接科技发展趋势，以技术技能积累为纽带，集人才培养、团队建设、技术服务于一体，资源共享、机制灵活、产出高效并以促进创新成果与核心技术产业化为目标，重点服务对象是企业尤其是中小微企业的技术研发和产品升级。第二类是产教融合平台。该类平台需要与地方政府、产业园区、行业深度合作，兼具科技攻关、智库咨询、英才培养、创新创业功能，重点服务区域发展和产业转型升级。第三类是技术技能平台。该类平台是通过进一步提高专业群集聚度和配套供给服务能力，与行业领先企业深度合作共建的，平台兼具产品研发、工艺开发、技术推广、大师培育功能，服务重点行业和支柱产业发展。

二、发展现状：高职院校的技术技能创新服务水平亟待加强

为了衡量高职院校在技术开发服务、培训服务和就业贡献的发展水平，《中国高等职业教育质量年度报告》评选出50所"服务贡献50强"。数据显示：2018年，50强校的横向技术服务、纵向科研服务和社会培训到款额分别增长了110%、26%和22%，这反映出高职院校更加重视对接市场需求、更加重视技术研发和更加重视职业培训和服务能力的提升。但是，各个院校之间的技术技能服务能力还是有较大差异，例如，从横向技术服务到款额看，我国有150余所高职院校的横向技术服务到款额超过500万元（含100余所院校超过1 000万元），150余所院校的横向技术服务产生的经济效益超过1 000万元，一批高职院校服务效益好，在服务中已经形成一定模式和品牌，平台效应逐渐凸显。

但是，数据分析也发现，全国近四分之三的高职院校科研服务到款额在100万元以下，半数院校在10万以下，四成院校为0；纵向科研服务到款额看，四分之三的院校在100万元以下，四成院校在10万元以下，两成院校为0；在社会培训到款额方面，全国半数院校在100万元以下，四分之一的院校在10万元以下，两成院校为0。近年来，这种服务贡献整体水平不高，差异较大的情况没有得到明显改善。即使是进入服务50强的院校，服务到款额排位靠前的院校和排位靠后院校之间的差距也比较明显，这反映出我国高职院校技术技能服务贡献能力和水平总体上存在较大的区域差异和个体差异。

第二节　高职院校的技术技能创新服务平台建设难题分析

技术服务是高职院校社会服务最薄弱、亟待突破的一环，制约了高职院校社会服务功能的发挥。① 技术技能创新服务平台的构建也面临重重困难，这些难题主要包括以下六个方面。

一、平台的硬件和资金投入缺乏保障

（一）高职院校技术技能创新服务平台硬件条件亟待改善

虽然国务院提出"中央财政加大投入的同时，地方财政也要加强支持"的要求，但是在一些省份这一政策还未真正得到落实，例如，2018年还有283所独立设置的公办高职院校生均财政拨款不足12 000元，② 还有少数省份将学费计入生均财政拨款中，行业企业举办院校的投入和民办院校举办者的投入更低，财政经费补贴不到位，这直接导致部分高职院校教育教学资源投入不够。而高职院校本身办学成本就高（尤其是工科专业），基建、基础设施、耗材、教师工资待遇和教学改革等投入已经让高职院校办学觉得吃力，用于技术服务平台建设的经费少之又少，具有生产性和新技术（新产品）研发功能的设备更是不足。

（二）高职院校对技术技能创新服务平台投入缺乏持续性

科研需要长期的投入和关注才会获得回报，但是高职院校的技术平台建设往往是"项目式"，即等相应的建设项目验收后，往往不再为技术研发平台投入经费，所建立的研发平台的运行缺乏稳定的、可持续的发展机制，有些研发平台甚至因为缺乏资金支撑而废弃。如何实现平台的自我造血功能，实现平台的可持续运行也是困扰高职院校的课题之一。

二、平台的教研联动和企业参与不足

（一）技术技能创新服务平台缺乏和教学的深刻联动

高职院校应该将技术平台和专业教学紧密结合，要将研发的项目作为教学案例进行应用，利用平台带动师生的教学能力和创新能力的提升，实现人才、专业、科研三位一体。但是，目前高职院校的技术研发平台和教学并没有形成良性互动，技术研发服务和教学两条线缺乏互动，同时学生参与平台的程度不够，平台的育人功能没有得到较好的发挥。

（二）高职院校的技术平台缺乏和其他高校、研发机构和企业的深度合作

没有科研团队、没有科研支持条件和科研过程的校企融合，师生无法直接参与到企业的

---

① 王威，罗嘉嘉，李玮.高水平院校提升服务区域经济发展能力的路径［J］.经济师，2022（2）：190-193.
② 上海教育科学研究院，麦可思研究院.2019中国高等职业教育质量年度报告［M］.北京：高等教育出版社，2019.

科研工作中，技术服务和创新也就成为空谈。目前，由于校企融合机制运行不健全，高职院校技术研发平台缺乏企业的有效参与，与企业共建研发平台也流于形式，即使是有研发和服务项目，企业方往往只是挂名而已，未能深度参与具体研发过程之中。在这种背景下，高职教师开展技术技能服务往往是靠个人寻找合作企业，在单个技术服务结束后，基本就不会再次合作，这十分不利于企业的技术技能积累。相反，如果校企合作深，高职教师和企业员工就能深入、长期、稳定地开展技术技能合作，形成聚合式、紧密型的研发团队和良好的沟通协作机制，技术技能服务和创新也会更有成效。目前，建立协同技术研发平台多是企业和具有较高研发水平的科研院所建立，例如，国际科技评估中心、中国科技信息研究所。统计发现，2017 年 2 766 家研究开发机构、高等院校（普高）与企业共建研发机构、转移机构和转化服务平台的总数为 6 457 家，在研发机构、高等院校在外兼职从事成果转化、离岗创业人员数量为 9 910 人。①

三、高水平的平台和高质量研究成果不多

高职院校之所以不"高"，主要原因是学校的研究能力不足和研究成果质量不高，这制约了高职院校在服务产业转型升级和育人的能力，也造就了高职院校的现有社会形象。

（一）缺乏支撑教师科研的高水平服务创新平台

高职院校的科研平台因为投入少，往往在设备先进水平和建设体量上较小，设备设施的先进性不强，无法支撑教师的科研。目前，高职院校的技术平台水平主要是校级和市级的，较少有省级和国家级科研平台。目前，1 000 余所高职院校，仅深圳职院、常州职院等几十所高职院校拥有省级、国家级科研平台。②

（二）"研究"在高职院校内涵建设中的功能定位不准

近些年，虽然一些高职院校开始重视"研究"，但是研究注意力往往投向纵向重点课题的申报以及高水平期刊上发表论文，在技术研发和服务方面作为不突出。例如，统计发现，2016 年，362 家公办高职院校在 4 家职业教育核心期刊、18 家与高职相关的高教核心期刊发表高职教育科研论文 1 224 篇，占教育科研论文总量的 41.2%，③ 但是产生重要学术影响的成果极少；与之类似，能反映高职技术研发和应用水平的发明专利也产出寥寥。根据有关统计：2018 年，全国 1 255 所本科高校共获得发明专利授权 75 669 项，平均每校 60.29 项；1 403 所高职院校共获得发明专利授权 2 165 项，平均每校 1.54 项。④ 由此可见高职在技术研发方面的能力与本科院校相比还存在较大的差距。

---

① 中国科技成果管理委员会，国家科技评估中心，等. 中国科技成果转化年度报告 2018 [M]. 北京：科学技术文献出版社，2019：2-3.
② 陈路，刘鸿程，黄丽. 高职院校技术技能创新服务平台建设探索 [J]. 岳阳职业技术学院学报，2019，34 (6)：10.
③ 王小梅，周详，范笑仙，等. 2016 年全国高校高职教育科研论文统计分析——基于 22 家教育类中文核心期刊的发文情况 [J]. 中国高教研究，2017 (12).
④ 姜瑜. 温职院发明专利授权数量高居全国高职院校榜首 [N]. 浙江工人日报，2019-08-22 (003).

四、平台的技术转化和应用率不高

（一）科技成果供需双方的有效对接能力不足，科技成果的市场价值不高

企业需要的是成熟、直接能产生效益的科技成果，而高职院校以育人为主业，教师往往对技术技能服务重视不够，所开展的技术技能研究也往往是限于个人兴趣、学科背景，科研选题与市场需求结合不紧密，较少从企业挖掘技术难题开展攻关，研发过程与市场脱节，科技成果供需双方的有效对接能力不足，缺乏市场价值较高、技术较成熟的科技成果。科技成果多为实验室阶段成果，一般只做到样机或者初级产品阶段，大多不能"即时转化"，企业对科技成果"用不了"，远离生产实际的研究模式导致教师产生的论文、专利等成果难以在现实中得到转化，满足转化需求的高质量科技成果仍然不足。

（二）与普通高校比较而言，高职院校科技成果转化率较低

《中国科技成果转化年度报告2018》显示，2017年2 766家研究机构和高等院校（普通高校）有转让、许可、作价投资转化活动的单位达到957家，科技成果转化合同金额达121.1亿元；相应的科技成果转化合同总金额超过1亿元的单位达到31家，同比增长55%。而近5年高职院校专利成果转化数据显示，我国高职院校的平均专利成果转化率不足1%。[①]

五、平台的科研团队水平不高

（一）科研团队建设缺乏优秀带头人和研究组织

在研究方面，高职院校研究成果的质量总体不高。研究成果质量不高并非是教师缺乏研究潜力，而是缺乏优秀的科研带头人，以及没有找到适合他们的研究课题和方法。同时，科研团队的建设也浮于表面，组织涣散，团队成员之间没有形成合力和联合攻关机制，也缺乏合理的激励、分配机制，成员之间较少开展深入的研讨、制定严密的研究计划等，研究方向不聚合，研究成果不成系列。

（二）教师自身的应用研发能力有待加强

产业转型、技术升级、流程再造等都对教师专业化水平和服务能力提出了越来越高的要求。然而，高职教师很多是学校毕业直接进入教学岗位，面向一线的工作和实践经验不足，追踪产业发展的意识淡薄，对专业前沿掌握不足，其研究方向、工作重心与社会经济发展需求相脱节，教师知识和技能水平与企业的技术发展不能保持同步，高职院校教师难以带领学生完成技术服务项目，无法适应真实的企业项目运作。相应的，由于高职教师在技术研发服务方面的能力制约、科研服务意识不强，企业也不愿意将科研项目委托给高职院校师生。

---

① 陈世华. 高职院校专利成果转化困境及应对策略研究[J]. 南通航运职业技术学院学报, 2017 (4): 93.

六、平台的管理和激励措施亟待加强

（一）缺乏专业化的管理人员

技术成果转化在高职院校中还没有受到应有的重视，甚至很多高职院校都没有设立专门的技术转移机构，缺乏专门服务岗位，即便设立了专门岗位，也缺乏专业化成果转化管理和服务人才。特别是懂成果转化，并且具备法律、财务、市场等专业能力的复合型人才，在技术平台科技成果的转化和产业化引导方面的能力欠缺。

（二）平台的管理和考核粗放

平台管理部门对平台成员的研究方向和过程缺乏规约和引导，导致实际开展工作中，平台研究人员根据自己的研究兴趣开展的研究比较发散；或者会为了完成平台考核绩效，教师往往选择一些"短、平、快"的研究课题，研究成果缺乏市场针对性，也与平台的功能定位、研究方向缺乏关联；在平台成果考核时甚至会出现拼凑成果的现象，一个专业组甚至一个分院的教师拼凑研发平台的成果以应对考核。

（三）研发服务激励亟待加强

一是高职院校缺乏专门的"技术技能服务型"教师职称评价设置。部分高职院校尚无技术技能服务型教师的职称设置，职称评价还主要以课题和论文作为考核依据，这影响了教师对技术研发和服务的积极性。二是教师教学任务重，研发服务精力不足。《2019中国高等职业教育质量年度报告》调查显示，有的地区给高职院校核定的教师编制数不足，教师教学工作量普遍偏高，有些院校的人均教学课时超过400，有的甚至超过500。在这种教学为主的环境中，教师的教学任务很重，没有充足的精力针对专业前沿技术和企业需求的技术难题开展技术研发。

第三节　电梯专业打造技术技能创新服务平台的做法与成效

杭州职业技术学院电梯专业群联合电梯行业、企业开展深度的合作，多方围绕提升电梯产品质量、提高电梯使用安全、增强电梯故障监管及处置效能三个安全维度；以高素质技术技能人才培养、技术技能高地构建和社会服务平台搭建为主要抓手，融合多方资源，多方协同创新，共育共培电梯人才；加强科研成果的教学应用，走出了产教科深度融合的发展之路；将电梯专业打造成一个涵盖电梯从业人员素质提升、公益安全教育、公共安全技术研发、电梯物联网应用的技术技能创新服务平台，保障国家电梯公共安全。

一、电梯专业打造技术技能创新服务平台的主要做法

（一）加大技术技能创新服务平台投入，提升硬件水平

电梯特种设备专业是杭州职业技术学院的"双高"专业群之一，学校对其建设给予大

力支持，除了专业建设初期投入的场地、设备和师资外，在双高建设期间，学校在电梯专业的技术技能创新服务平台、社会服务平台等方面给予了更大力度的投入。2019—2022 年，电梯专业的教研仪器设备新增 2 400 万余元，行业企业捐赠设备值达到 2 600 万余元。2021—2022 年度，学校先后投入 2 533 万元用于硬件建设，包括基于 VR 技术的电梯虚拟工厂（一期）、电梯大数据实训基地改造、电梯事故预测预警与应急处置平台、5G 技术网络化工业机器人实训中心、电梯安全风险教学资源中心、智能制造技术生产性实训基地、智能装备虚拟仿真实训室、电梯智能物联与控制技术实训室、公共虚拟仿真实训中心等。此外，特种设备学院与国内民族第一品牌西奥电梯及中国计量大学合作，建设特种设备虚拟仿真研发实验室，利用虚拟仿真技术实现跨时间维度的疲劳研究，推进特种设备超高速、超临界状态的技术研究与性能测试。电梯零部件失效仿真系统示意如图 4-1 所示。打造国内一流特种设备虚拟仿真研发新高地，实现特种设备新技术研究，提升设备迭代更新速度，推动国内特种设备产业技术升级，提升产品国际竞争力。通过共建共享模式，致力于建成集教学、培训、研发及社会服务等功能于一体的示范性虚拟仿真实训基地。国家级特种设备虚拟仿真实训基地架构如图 4-2 所示。

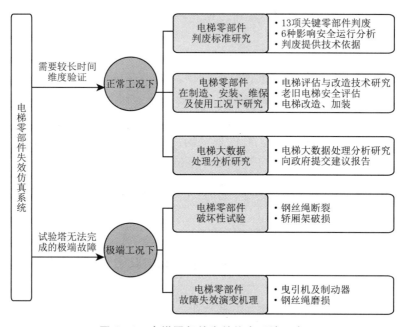

图 4-1　电梯零部件失效仿真系统示意

（二）聚焦产业升级与公共安全，深化省级协同创新中心和电梯大数据中心建设

1. 打造高水平的省级协同创新中心

聚焦电梯产业升级需求，与行业协会、龙头企业、科研院所、教育机构等深度合作，在 2017 年成功立项浙江省应用技术协同创新中心（第一批）——电梯评估与改造应用技术协同创新中心，开展电梯评估与改造技术研究与市场化推广应用，对电梯风险评估技术与改造技术、电梯性能评估与改造技术、电梯智慧评估与改造技术进行深入研究；实现成果转化和市场推广，提升电梯安全、性能、智慧水平，在评估与改造过程实现绿色、环保、节能化。

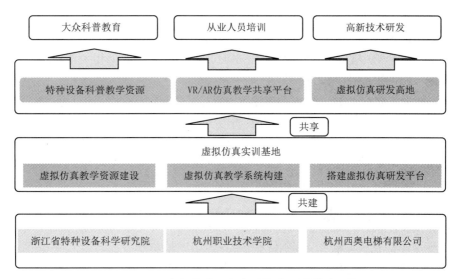

图 4-2 国家级特种设备虚拟仿真实训基地架构

协同创新中心的合作各方协同开展科技研发、技术标准研制、技术转移和服务，充分发挥协同创新中心在地方产业服务、校企合作育人、教学改革和教师队伍建设方面的作用。

（1）中心汇聚了多方优势资源，提升服务能力。

电梯协同创新中心紧贴浙江省电梯产业发展需求，以杭州职业学院为牵头单位，浙江省特种设备检验研究院、浙江省特种设备安全与节能协会、中国计量大学、杭州容创电梯有限公司为核心组成单位，以"资源共投、利益共享、风险共担"为纽带，通过任务牵引，联合国家电梯产品质量监督检验中心（浙江）、杭州市特种设备应急处置中心、奥的斯电梯管理（上海）有限公司、杭州西奥电梯有限公司等协作单位，共同成立的新型创新组织。通过牵头单位、核心单位、协作单位的紧密配合，旨在构建电梯评估与改造应用技术领域的人才培养、应用研究和社会服务的共同平台，全面提升电梯专业在人才培养、科研和社会服务"三位一体"创新能力。该中心拥有实力强的教研团队：拥有专任教师52名，高级职称教师占比55.7%，拥有3年以上企业工作经历的教师超过70%，其中全国机械行业职业教育服务先进制造专业领军人才1人，中国特种设备检验协会标准委员会委员1人，全国技术能手1人，浙江省首席技师1人，获省科技进步二等奖1人。整合行业企业资源，组建顶尖兼职教师队伍，拥有21名常驻学校的企业一线技师（其中3名兼职教师荣获全国职业技能大赛"育人标兵"称号），平均从业年限超15年，电梯检验师4人，电梯检验员8人，杭州市电梯安装维修技能大师工作室领衔人1人。

（2）中心探索"特区式"人事管理制度，激发团队活力。

一是中心拥有人事自主权。中心在岗位设置、人才聘用、薪酬制定与考核方面拥有自主权，中心可自行制订人才选聘计划和标准，自行考核录用，报学校备案即可。二是中心对团队及团队负责人实行目标任务制考核，侧重对完成总体任务和实现总体目标的考核；根据考核结果发放年终考核奖励；以团队为主体开展对团队其他成员的个人考核，侧重对个体在完成团队整体目标中所做的创新和实质性贡献的考核。三是待遇优厚。学校根据中心的实际情况，确定核拨年度人员经费，实行二级管理，中心针对各等级岗位制定具有竞争力的岗位薪酬标准和激励政策，以体现多劳多得、优劳优酬。由中心自行制定薪酬和考核体系，省级协同创新中心可适当突破事业单位绩效工资总量标准，中心的考核优秀还可以增发学校10%的考核奖。中心选聘的校方人员享受校内福利待遇、保留事业编制，纳入中心薪酬体系统一管理。以兼职形式参与中心项目或任务的校方人员，学校予以减免相关工作量，中心根据实际情况与之签订相关协议，实行双岗双酬双考；协同各方派驻学校的人员，纳入学校兼职教师库管理，享有企业常驻学校人员的各项权利和待遇。四是职称聘用更具优势。中心可根据工作需要，设立工程系列、自然科学研究系列等专业技术岗位，并自定标准开展评聘工作，高级职称比例可高于学校平均5%，省级及以上中心可提高10%。五是中心从政府专项经费中设立专项创新基金，重点支持中心急需扶持的创新方向，奖励在技术创新方面取得重大突破、攻克共性关键技术难题的团队和个人。

（3）中心实施了系列科研激励管理办法。

一是尊重和保护各合作单位的知识产权。协同单位在中心开展科研工作中取得的成果，其知识产权由成果完成单位享有，使用权由中心各协同单位享有，收益权根据在成果形成和转化过程中的贡献大小由各单位享有。二是加大科技成果奖励力度，激发中心科技工作上水平、出成果、创效益。例如，对中心成员获得国家科技进步奖、省部级科技成果奖、浙江省高校科研成果奖等，除政府奖励外，中心按所获政府现金奖励给予1:1的现金配套奖励和配套研究经费支持，对于发明专利、学术专著、国家行业标准、重大科技立项等均给予学校平均水平之上的激励支持，中心为第二承担单位的有关成果按相关奖励的50%给予奖励。

2. 深化电梯大数据中心建设

聚焦电梯行公共安全需求，学校特种设备学院与杭州市特种设备应急处置中心（96333）共同建成杭州电梯大数据中心，共享电梯故障案例数据，向政府监管部门提供决策咨询。依托国家电梯产品质量监督检验中心（浙江），为电梯安全与节能减排提供检验检测和技术咨询，服务电梯企业新产品开发，参与行业标准修订，主持或参与完成修订标准4项，成为浙江省电梯领域重要的技术方案输出地；中标杭州市政府电梯评估服务项目、承接杭州运行速度最快的欧美金融城（EFC）电梯技术服务项目、滨江区住宅电梯维保技术服务等多个项目，累计技术服务金额超150万元。多次为全国首个电梯应急处置中心（杭州市特种设备应急处置中心）提供数据分析和决策支持。

（三）构建多元协同机制，构建了四大教育培训平台

整合杭职院、浙江省特检院、电梯企业三方资源，发挥"学校办学力""行业资源力""企业市场力"三大优势，探索"资源共投、利益共享、风险共担"的合作机制，打造四大教育培训平台，构建学历教育、从业资格培训、技能等级培训、检验员培训和管理员培训五大人才培养培训体系。省特检院投入600多万元改造校内教学场所，并将海宁尖山校区（2.6亿元，占地75亩）委托学校统一管理，浙江省唯一特种特备上岗证办证机构整体迁入学校。先后整合企业资源3 000多万元，建成后拥有34部竖梯、6部扶梯，硬件水平、规模和质量全国领先。奥的斯机电、西子航空、西奥电梯等企业每年投入更新教学设备，保持设备的先进性。成为全球6大电梯企业浙江区域员工的入职培训中心和在职员工能力再提升基地、浙江省唯一的电梯从业资格上岗证考试平台、全国仅有的两家国家电梯检验员考试基地之一、国家机械工业职业技能鉴定指导中心在浙江唯一的电梯维修工鉴定平台，是集电梯教学、培训、技能鉴定、技术服务等功能于一体的专业化省级示范性实训基地。电梯专业实训

培训四大平台如图4-3所示。依托行校企的资源集聚优势,开展电梯检验员、检验师、特种设备等各类作业人员技术技能培训,填补电梯专业技能人才不足的缺口,开展中职电梯工程技术专业教师的技能提升培训,确保中职教师的技能技术与行业要求无缝接轨。

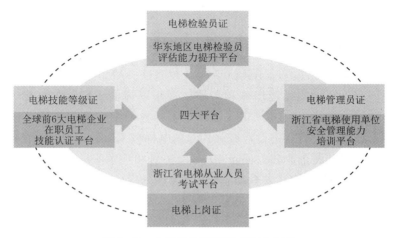

图4-3 电梯专业实训培训四大平台

（四）实践产教融多元路径,提升专业群的服务供给能力

（1）依托协同创新中心、工程教学中心、实训中心等载体,将科技成果融通到教学、应用于企业,实现产学研用一体,真正提升人才培养与产业需求的契合度,提升专业群服务产业的能力。推进联想工业互联网研究院,推进智能制造大数据挖掘与分析、大数据和互联网方向应用人才培养；深化西奥电梯产业技术研究院建设,开展电梯物联网、大数据分析方面的科技合作,特别是电梯智慧监管方向共同申报浙江省重点研发项目。

（2）将企业的技术产品标准、培训包、技师、真实项目、工作页、能力评价标准、实践平台等引入和应用于教学,真正实现岗位内容和教学内容的高度契合,实战为上,突出学生综合能力培养。

（3）以学校人才培养、社会公益为主导,以企业技能培训和技术研发为主体,建立"开放共享、循环运行"的资源反哺机制,实现专业群可持续发展。依托电梯协会与电梯人才培养联盟,发挥学校在国内电梯人才培养领域的高地作用,吸引社会机构和企业投身电梯职业教育。加大社会培训服务能力,与奥的斯等国际一流企业合作,按照国际标准完善电梯安装维修基地硬件建设,并依托奥的斯、迅达、通力等国际知名企业构建技能培训体系,开发技能培养模块,培养培训有国际视野的电梯工程技术人才。

二、电梯专业打造技术技能创新服务平台的成效

（一）电梯产教融合实践受肯定,先后获得国家和省级殊荣

电梯专业群不断深化"行校企"在育人、培训、基地共建、成果共享、风险共担等方面的深度融合,使教育链、人才链、产业链和创新链有机的衔接。与浙江省特科院共建全国首家特种设备学院,与杭州西奥电梯等合作企业开展现代学徒制人才培养,顺利通过教育部

现代学徒制试点验收,在业内形成了"电梯人才培养看杭职"的行业共识。电梯实训基地被教育部认定为国家级生产性实训基地,电梯工程技术专业群入选中国特色高水平高职学校和专业群建设计划。"电梯人才培养产教融合基地"在 2020 年被浙江省教育厅立项为省级产教融合示范基地。

(二) 教师的科研技术服务能力提升明显,教研互融局面形成

与行业企业深入合作开展电梯无载荷平衡系数测试、AI 扶梯安全监控等电梯评估与改造技术及产业化研究,共建集技能培养和考核认证于一体的省特科院电梯人才培训认证中心,发证大厅整体迁入学校。2019—2020 年,专业群教师中标杭州市政府电梯评估服务项目、承接杭州运行速度最快的欧美金融城(EFC)电梯技术服务项目、滨江区住宅电梯维保技术服务等多个项目,开展企业技改项目 40 项,科研和技术服务到款额达到 962 万元;主持《基于 AI 的电梯井道全域扫描安全动态监测系统》等科研项目 32 项,其中国家级项目 1 项,省部级项目 14 项,总经费近 100 万元。授权《一种自动清洁梯级的扶梯》等专利 96 项,其中国内外发明专利 7 项;发表《基于 AI 的电梯轿厢实时定位监测系统》等学术论文 30 余篇;出版《智能电梯工程控制系统技术与应用》等学术专著 4 部;主持建设教育部职业教育电梯工程技术专业教学资源库。

(三) 依托平台开展各类培训,提升了专业群的产业贡献力和城市服务力

一是利用电梯行业培训资源的集聚优势,开发涵盖学习、练习、考试三个环节的电梯培训信息化平台,打造一批涵盖职工培训、国内特种设备作业人员考试、电梯企业的入职岗前和在职技能提升培训及全国电梯检验员培训和检验师能力提升等项目。学校电梯学院是中国特种设备与安全节能协会指定的全国电梯检验员能力提升基地,浙江省一类电梯技能大赛指定承办基地,承办国家、省、市各级电梯维修工职业技能大赛。2019—2020 年,承办各类技能大赛 6 项,联合行业企业开展各类培训及鉴定 8.247 万人次,培训收入达 4 477 万元。二是打造国家级特种设备安全科普教育基地 1 个,依托特种设备学院海宁尖山校区,面向大中小学生、政府公务人员、企业高管和党校学员,运用新媒体、大数据和人机互动技术,开展特种设备安全警示教育、特种设备专业知识普及等科普教育活动;通过体验 VR 仿真电梯下坠、扶梯逆转、应急救援等项目,提高公众防范风险意识和应急处置能力,提高公众电梯使用安全意识,仅 2019—2020 年就开展市民电梯安全教育 18 100 人次。

第五章　标准引领融入教学，增强电梯专业育人适应性

标准是指"为了在一定范围内获得最佳秩序，经协商一致制定并由公认机构批准，共同使用的和重复使用的一种规范性文件"，具有标杆、约束、指导、组织、传播功能。[①] 在世界范围内，各行各业的标准化已经上升为驱动国家发展、引领经济社会前行的国家战略，标准化水平和制定能力是提升国家竞争力和影响力的重要一环。职业教育标准就是在应用于职业教育统一的技术与管理要求，是对职业教育系统内要求的规约，具有指引性和度量性的技术与管理要求，对职业教育院校的办学理念、育人目标、课程内容等方面的调试、转型和升级具有重要的引导作用，完善的职业教育标准体系的构建是职业教育从发展走向成熟的基本保障。近年来，随着职业教育内涵建设不断深入，国家层面、地方政府和职业院校也在不断地推动职业教育标准体系的形成。这在国家的政策中可见轨迹：

从 20 世纪 90 年代到 21 世纪初期，我国职业教育政策中对课程标准、专业教学标准和职业资格标准有零散地表述，关注点在教育设施标准、生均拨款标准和职业能力等级标准。2010 年以来，职业教育标准更多关注职业教育内涵相关的标准化建设，且视角从内部延伸至国际化标准的研制、全球教育治理的关切。

2014 年《国家关于加快发展现代职业教育的决定》提出，要积极参与职业教育国际标准，开发与国际先进标准对接的专业标准与课程体系。[①] 2016 年，中共中央、国务院印发《国家创新驱动发展战略》明确要求："提升中国标准水平。强化基础通用标准研制，健全技术创新、专利保护与标准化互动支撑机制，及时将先进技术转化为标准。推动我国产业采用国际先进标准，强化强制性标准制定与实施，形成支撑产业升级的标准群，全面提高行业技术标准和产业准入水平。支持我国企业、联盟和社团参与或主导国际标准研制，推动我国优势技术与标准成为国际标准。"

2019 年 2 月，国务院印发的《国家职业教育改革实施方案》中，标准的重要性再次被提升，文件中提出：要推进标准在职业教育质量提升中的基础性作用，要将标准化建设作为统领职业教育发展的突破口，要建成覆盖大部分行业领域、具有先进国际水平的中国职业教育标准体系；要求完善中高职学校设置标准，实施教师和校长专业标准，持续更新并推进专业教学标准、课程标准、顶岗实习标准、实训条件建设标准的建设及其在职业院校的扎根实

---

① 陈丽. 标准化助力电梯行业供给侧改革 [A]. 标准化助力供给侧结构性改革与创新——第十三届中国标准化论坛论文集 [C]. 2016.

施,同时提出职业院校依据标准制订人才培养方案。

杭州职业技术学院特种设备学院的电梯工程技术专业高度重视专业的标准化建设,充分发挥行校企资源集聚优势,牵头和参与研制了国家级、省域、行业等高水准的职业技能标准、专业标准,为服务行业企业发展、规范专业教学、提升育人适应性能奠定了扎实基础。

第一节 电梯专业参与标准制定的动因分析

一、电梯行业法定规范和强制性标准是电梯专业建设的根本

电梯作为许多人日常生活必须的设备,其安全性关乎人们的生命安全,属于特种设备。为了加强特种设备安全工作,预防特种设备事故,保障人身和财产安全,我国制定出台《中华人民共和国特种设备安全法》,提出对特种设备的生产(包括设计、制造、安装、改造、修理)、经营、使用、检验、检测和特种设备安全实行监督管理,同时提出特种设备安全管理人员、检测人员、作业人员都应当按照国家有关规定取得相应的资格,方可从事相关工作,要严格执行安全技术规范和管理制度,保证特种设备安全。电梯的生产、运行、管理等各个环节都受电梯有关标准和规范的严格要求。

为了提升电梯的安全水平,降低电梯事故率,提升电梯的技术水平和电梯行业企业人员素质,创建标准化管理流程,有效管理电梯生产上下游,从而提升我国民族电梯企业的市场竞争力,国家标准化委员会、国家市场监督检验检疫总局、全国电梯标准化技术委员会等加快推进电梯生产和维保等环节的标准化、制度化体系,电梯标准化的工作从开始的产品标准、零部件标准、安装标准、维修标准已经走向了安全标准、服务标准等纵深领域,以规范和法律等保障电梯的生产、销售、运行和服务。相关根据国家市场监督管理总局统计,我国已经逐步建立了较为完备的特种设备法规体系。

(一)国家层面出台相关法律

2013年6月29日举行的中华人民共和国第十二届全国人民代表大会常务委员会第三次会议审议通过了《中华人民共和国特种设备安全法》,该法规定"特种设备生产、经营、使用、检验、检测应当遵守有关特种设备安全技术规范及相关标准",明确了特种设备安全技术规范的法律地位。

(二)行政法规和地方性法规对电梯从业和生产等进行规约

2003年2月19日,国务院第68次常务会议通过了《特种设备安全监察条例》,并于2003年3月11日由国务院令第373号公布,将电梯安全监督管理纳入其中。2009年1月14日,国务院第46次常务会议通过了《国务院关于修改〈特种设备安全监察条例〉的决定》,并于2009年1月24日由国务院令第549号公布,于2009年5月1日起施行。《特种设备安全监察条例》的实施,对特种设备安全工作发挥了重要作用,为推动《特种设备安全法》立法工作奠定了坚实基础。地方性法规是指省、自治区、直辖市以及较大的市为了适应区域的特种设备(电梯)安全管理,对这类设备提出地方性的要求,经过省、自治区、直辖市以及较大的市人大立法通过的文件,是我国法律法规体系的组成部分,例如《浙江省特种设备安全管理条例》《江

苏省特种设备安全监察条例》《南京市电梯安全条例》《深圳经济特区特种设备安全条例》等。

（三）出台安全技术规范

国家市场监督检验检疫总局依据《中华人民共和国特种设备安全法》《特种设备安全监察条例》所制定并且颁布《特种设备安全技术规范》。《特种安全技术规范》是特种设备法规标准体系的重要组成部分，其作用是将特种设备有关的法律、法规和规章的原则规定具体化。特种设备的安全技术规范主要包括特种设备安全性能、能效指标以及相应的生产（设计、制造、安装、改造、修理）、经营、使用和检验、检测等活动的强制性基本安全要求、节能要求、技术和管理措施等内容。

（四）制定了不同层面的电梯标准

我国的电梯标准体系由国家标准、行业标准、地方标准和企业标准构成。电梯标准由全国电梯标准化技术委员会（SAC/TC196）归口管理。由于我国电梯工业发展较晚，在20世纪80年代前虽有一些电梯标准，但水平较低也不成体系。20世纪80年代后，随着电梯工业的快速发展，一些合资企业先后成立，从国外引进了较先进的电梯和技术，也促使我国的电梯标准逐渐完善。20世纪90年代中期后，尤其是加入世贸组织之后，世界其他国家的龙头电梯公司在我国投资建设合资或者独资企业，我国民族品牌的电梯新产品和新技术不断升级，已有的描述性电梯标准不能满足电梯市场需要。[①] 我国电梯标准委员会根据国家市场监督管理总局和国际标准委员会的标准化政策要求，不断完善我国电梯标准体系，对电梯标准进行了大规模的修订与补充，使电梯标准体系进一步完善。目前，我国现行有效的电梯国家标准有40余项，电梯行业标准和地方标准有80余项。

这些法律、法规、规范和标准为电梯专业的建设和发展提供了必要的遵循，是职业教育质量评价和内部自我诊断的参考依据。这种规范和标准的强制性要求职业院校的电梯专业建设必须在其框架下开展，不然学生就无法取得从业资格，进而被电梯行业拒之门外。通过标准融入电梯教学，保障教学的科学性、适应性和规范性。

二、电梯行业发展对电梯从业人员的能力标准提出新的要求

2021年9月，我国电梯行业指导委员会对电梯行业、相关院校与毕业生及从业人员等进行了全方位的调研，包括从业人员964名、国内外主流电梯行业企业162家，开设电梯工程技术专业高等职业院校37所，电梯工程技术专业毕业生1 325名及8所研究机构。

（一）电梯工程技术专业对应职业岗位新变化

我国电梯市场出现三个新的亮点——家用电梯需求、老旧电梯改造和旧楼加装电梯业务增长迅速。全国老旧电梯存量较大，根据行业预测到2023年将淘汰23万多台电梯，2026年将淘汰45万多台电梯。政府支持的旧楼加装电梯业务正在快速增长，全国旧楼加装市场电梯需求在300万台以上，成为行业发展的重要驱动力，推动行业发展由新梯市场向存量市场转变。根据我国经济和社会的发展趋势分析，电梯保有量在未来很长时间内还将保持持续

---

① 任天笑. 以标准化带动电梯行业全面发展［J］. 建设科技，2006（1）：63.

增长。根据中国电梯协会的统计，自 2018 年以来，已出现了严重的电梯安装、维保人员短缺现象，这种现象 2021 年还在持续。不仅如此，今后相当长的一段时间内，电梯行业的安装、维修、保养、销售等方面的人才需求将持续增加。

（二）新技术应用引领对电梯人才标准提出新要求

《市场监管总局关于进一步做好改进电梯维护保养模式和调整电梯检验检测方式试点工作的意见》（国市监特设〔2020〕56 号）提出鼓励推广电梯装设基于物联网的远程监测系统，由维保单位依据实时线上检查和监测维护情况，采取针对性的线下现场维护保养，提高维护保养的科学性和有效性，最大限度地保障电梯安全运行。人脸识别、大数据技术、人工智能技术都在电梯上得到实际应用。电梯的设计与生产、销售可实现个性化定制。电梯的安装工具不断改进，安装的精度和质量更有保证。这些新技术的应用对人才培养标准的确定提出更高的新要求。

通过企业调研发现，基于电梯产业链针对高职的岗位群包括电梯安装、调试、维修、保养、销售、技术支持、检验检测、工程管理、物联网安装调试等岗位。随着电梯智能化技术、电梯物联网技术的推广引用，通过远程监控与实时数据采集，维修中心可以实时监控电梯的运行，搜集电梯运行状态和故障数据，从而减少了维修的成本和时间。但这对技能人才提出数字转型的新要求，主要包括：安装电梯的能力，调试电梯的能力，保养电梯的能力，维修电梯的能力，检验检测电梯的能力，电梯困人救援的能力，基于物联网的电梯诊断能力，电梯销售能力、工程管理能力及物联网终端装调维修能力等；在素养方面，更加青睐集通信技术、计算机技术、物联网技术、自动控制技术等集于一身的专业知识丰富的人员。

三、电梯专业教学标准与职业标准需要更高水平的对接

（一）专业教学标准缺乏统一

机械行指委调研的 37 所院校，使用或参照省级以上教学标准的有 32 所，占比 86.49%；其中，参照国家标准的 6 所，占比 16.22%。在制订电梯专业教学计划时，依据国家标准制定的有 14 所，占比 37.84%，部分学校依据调研、行业需求培养制订实施性教学计划，部分学校参照省指导性人才培养方案制订教学计划，个别学校自行制订教学计划，大部分学校能滚动修订教学标准。整体而言，由于缺乏统一的专业教学标准，对电梯专业人才培养规格的统一和人才培养质量评价标准的统一产生极大的制约，难以符合行业的发展需求。另外，开设电梯专业的各院校的课程设置不一，公共基础课与专业基础课、专业实践课的比例不一，实践课程的开设内容和评价标准不一，造成现有电梯工程技术专业的人才培养规格差异较大。同时，大部分高职院校的电梯专业实训方面未按照新发布的《高等职业学校电梯工程技术专业实训教学条件建设标准》开展建设，缺乏整体系统的设计和规划，实训设施明显不能满足教学需要，制约了学生技能水平的提高。

（二）基于职业标准的电梯专业课程开发和教学融合也有待增进

对具体专业课程建设而言，高职教育急需强化的是职业能力开发和实施，深度推进能力本位课程建设，这是高职课程改革的主要突破口。[①] 在 1 + X 证书制度的背景下，各高职院

---

① 徐国庆．"双高计划"高职院校建设应主要面向高职教育发展的重难点［J］．职教发展研究，2020（1）：1－7．

校需要探索专业教学标准和职业等级标准的融合。但是，我国高职院校标准开发的水平不足，基于职业标准的职业教育课程开发和教学融合也有待增进，这导致了职业院校产学脱节、人才培养质量与岗位需求不符等一系列问题。因此，提升高职院校参与职业标准开发的参与度，根据职业标准开发课程内容和新形态教材，使专业教学标准与职业岗位相对应，通过标准引领，倒逼教师、教材和教法的全面变革。近年来，人社部的职业技能等级标准与教育部1+X职业技能等级标准都不断在起草更新，如《电梯安装维修工国家职业技能标准》《电梯维修保养"1+X"职业技能等级证书》《智能网联电梯维护"1+X"职业技能等级证书》《电梯物联网系统应用开发"1+X"职业技能等级证书》。目前，学生考取的职业类证书有电工证（原维修电工证）、电梯安装维修工证、电梯维修保养、智能网联电梯维护等职业技能等级证（1+X）及电梯特种作业操作证。1+X证书开展的院校占比最低，为25%；电梯特种作业操作证开展的院校占比最高，为90%，说明1+X证书执行情况不乐观。

电梯专业应该全面落实国家标准和省级标准、行业标准等，加强标准的体系建设，开发具有校本特色的更高标准，以各级各类标准体系作为多方协同的载体，及时更新教学标准，将新工艺、新技术、新规范、典型生产案例及时纳入教学内容。同时，高水平的电梯专业教师可以发挥自身优势积极参与标准制定中，提升对行业的服务能力，加强对行业企业的需求认知，从而更好地将标准贯彻在教学中。

第二节 电梯专业参与标准研制的主要做法

职业院校的专业能力建设是职业教育标准落实、质量提升的关键环节。杭州职业技术学院电梯工程技术专业群按照专业设置与电梯产业需求对接、课程内容与电梯职业标准对接、教学过程与电梯生产服务过程对接的要求，联合行业、企业开发各类标准，规范电梯专业职业院校的专业设置和课程设置，推进电梯工程技术专业群教学标准、课程标准、顶岗实习标准、实训条件建设标准（仪器设备配备规范）建设等，推进电梯工程技术专业教学资源建设。通过标准的融入、引领，使教学形态更加具有职业教育类型特征。

一、整合行校企三方资源，协同开发电梯人才培养标准

凝聚行业、企业、院校的专家，设立"标准体系"专项经费预算，每年提供50万元用于"标准体系"实施建设。杭州职业技术学院作为编写组组长单位，集国内电梯教学名师、大赛金牌教练、行业企业专家，编写高职（专科）教育电梯工程技术专业教学标准、高职（本科）教育电梯工程技术专业教学标准。牵头完成人社部《电梯安装维修工国家职业技能标准》（国家最高标准），参与起草中国特种设备安全与节能促进会牵头的团体标准《电梯物联网采集信息编码与数据格式》、中国电梯协会牵头的团体标准《电梯安装、改造、修理和维护保养作业人员培训规范》、中国职业技术教育学会职业教育装备专业委员会牵头的《高等职业学校电梯工程技术专业实训教学条件建设标准》。主持人社部《电梯安装维修工国家职业培训教程》开发，完成由浙江省人社厅委托的"电梯安装维修技能等级（1至5级）"考核题库命题工作。在"电梯标准出杭职"的影响下，电梯三巨头（美国奥的斯、瑞士迅达、芬兰通力）齐聚杭职，打破了电梯行业常见的互不协同布点的壁垒。

二、注重标准融入，将职业技能和行业标准融入教学、行业

（1）将职业技能标准融入电梯专业人才培养，重构教材、课堂，教师提升理论实践一体化的教学技能，开发"教学做合一"的课程体系。教学内容以岗位所要求掌握的技能为主，摆脱书本上讲结构、黑板上画线路、图纸上讲维修的模式。通过工作任务与职业能力分析，以电梯工程技术专业所面向的工作岗位要求的能力培养为依据，按照工作领域、工作任务和职业能力三个层级进行细化划分，从而设置相应的教学内容。专业依托浙江省特检院电梯实训基地、各家电梯行业龙头企业、杭州市公共实训基地先进制造中心，将电梯的安装、维保和改造技能培养全程融入实践环节中。教学组织形式主要以电梯基地实训为主，部分理论课程的内容也将以电梯基地电梯为教学材料。对于实践性较高的课程，可以专兼教师共同教学的方式进行，有利于学生理论知识的理解和专业技能的掌握。在"教学做合一"教学模式下，对学生的考核强调了实践内容与生产现场接轨，理论知识以够用为原则，教学做一体。课堂教学在专业总体教学学时中的比例不断下降，理论知识不再强调学科系统性，转而以够用为原则，注重学生的实践能力，最后要求学生取得学历证书、学力证书、技能证书，从而确保毕业后与企业零距离对接。杭职院电梯工程技术专业"教学做合一"课程结构体系示意如图5-1所示。

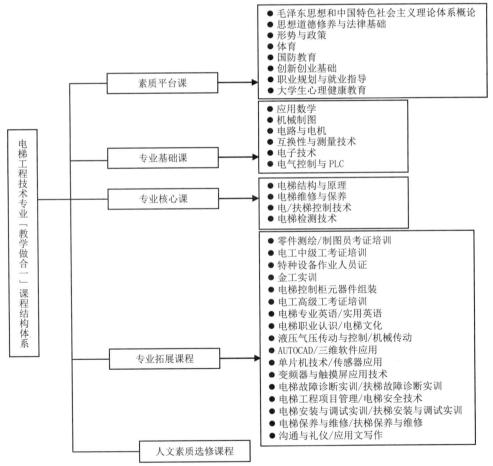

图5-1 杭职院电梯工程技术专业"教学做合一"课程结构体系示意

(2) 与奥的斯等国际一流企业合作，引入企业资源，开发基于国际标准的教学包，提升教学质量水平。按照国际标准完善电梯安装维修基地硬件建设，并依托奥的斯、迅达、通力等国际知名企业构建技能培训体系，开发技能培养模块，培养具有国际视野的电梯专业人才。

(3) 联合杭州西奥电梯有限公司、杭州市特种设备检测研究院制定并实施了电梯维修保养、智能网联电梯维护、教育部 1+X 职业技能等级证书，明确各院校电梯人才培养职业技能培养方向。

(4) 专业教师联合杭州西奥电梯有限公司企业专家开发了新形态教材《电梯原理与结构》；主持编写了人社部电梯安装维修工国家职业技能培训教程 5 本。此外，还牵头联合国内多家职校、企业单位共建"电梯工程专业教学资源库"，极大地充实了电梯专业教学资源，增强了专业的资源辐射力。

(5) 主持开发人社部《电梯安装维修工》技能等级鉴定标准，引导社会从业人员职业技能学习目标；主持完成了人社部电梯安装维修工职业技能等级鉴定国家题库；参与制定了国家市场监督管理局颁发的《电梯维修作业人员考核大纲》，明确了国家从业人员的准入要求；参与完成人社部维修电工职业技能等级鉴定国家题库的编写工作，规范了电梯安装维修工国家职业技能培训。

三、提升辐射能力，依托电梯职教集团推广电梯职教标准

与浙江省特种设备科学院、杭州西奥电梯等行企单位共建 1+X 电梯人才培养联盟。通过联盟推广电梯维修保养、智能网联电梯维护 1+X 职业技能等级证书在中高职院校的应用，并依据教育部电梯工程技术专业电梯专业课程标准及各教学、实训室建设标准，指导开设电梯工程技术专业的职业院校开展电梯人才培养。这对国家职业教育教学标准的广泛传播、正确使用和有效实施，规范和指导职业学校课堂教学，推广优秀教学成果发挥了应有作用，取得了很好的效果。

第三节 电梯专业参与标准研制的实践成效

一、国家标准引领了人才培养方向与建设思路

（一）联合政行校企，创新研制"9 大国家标准"，全面引领着电梯领域人才培养方向与建设思路

《电梯安装维修工》职业技能标准作为国家最高职业技能标准，引领了全社会的职业技能培养方向，也成为全国、省市电梯安装维修工职业技能大赛的竞赛依据；《电梯维修作业人员考核大纲》引领了全国电梯从业人员准入资格的培养方向；《电梯安装、改造、修理和维护保养作业人员培训规范》引领了各电梯企业开展电梯作业人员培训的规范化；电梯维修保养、智能网联电梯维护 1+X 标准，引领电梯工程技术专业人才培养方向及专业建设路径；《高等职业学校电梯工程技术专业实训教学条件建设标准》指导着全国电梯工程技术专

业实训条件建设;《中等职业学校电梯安装与维护保养专业教学标准》引领中职电梯专业建设及教学规范。这些成为中高职电梯专业实训建设和教学标准制定的参考范式。

（二）标准引领和标准融入使人才培养更加符合企业需求

电梯专业群结合行业人才培养需求，将标准融入人才培养全过程，行校企共同开发教材、课程及考核标准，实现了电梯教学内容与标准要求同步，学生的职业技能要求更加明晰，尤其是职业素养也被有力地纳入人才培养方案，使电梯专业培养的学生职业能力更加全面，深受企业欢迎。学生获国家级（行业）大赛奖项共51人次，毕业生就业率达98%。

（三）为专业升级与数字化改革做好职业发展铺垫

电梯企业由原来的制造型企业向服务型企业转型的态势已经开启，从传统的职业岗位向数字化服务技能岗位转变的要求也略有展现。电梯专业提早谋划，超前布局，在教学课程设计过程中，将电梯物联网技术、大数据作为核心课程，为专业升级与数字化改革做好职业发展铺垫。

二、教学资源推动了电梯专业建设与教学改革

（一）以"技能标准"为导向，形成一系列教学资源

在构建电梯维修保养职业技能等级标准的基础上，学校电梯专业的课程教学资源建设进一步丰富，立项主持国家级专业教学资源库1个，形成了契合专业群课程体系重构需要的16个模块化课程教学资源包，开发了新形态教材3本：《电梯结构与原理》《电梯检测技术》《电梯营销》。教材按基础知识、初级工、中级工、高级工、高级技师分类编写，涵盖实际岗位工程技术427项工作任务，确保各项技术技能递进式培训的开展，并为各类信息化培训手段的开发，提供核心脚本。教材内容全面覆盖日常维修保养工作的各项技能点与知识点，包括维保工艺手册、电梯事故分析报告、电梯大数据分析报告、实训手册等。融入教育部《电梯维修保养》、《智能网联电梯维护》1+X证书技能标准，联合企业共同开发VR教学课程、电梯风险教学中心及国际电梯教学资源库。

（二）教学改革范式

基于人社、行业、1+X相关标准，开发国家级教材12本，国家级题库3个，覆盖了三大领域的教材与题库应用于全国；主持教育部电梯工程技术专业教学资源库等教学资源，进一步推动全国电梯工程技术专业建设，出版两本专著为全国电梯专业建设提供范例；建成全国首个集电梯制造、型式试验、安装、调试、维保、大修、改造及故障数据分析处理的生产性实训基地，成为全国电梯专业基地建设样板，成为中国特种设备检验协会指定的全国电梯检验员培训考证基地及检验员、检验师能力提升基地；连续三年举行全国电梯专业师资能力提升培训，为全国35个院校提供教学改革范式。

（三）形成一种育训结合的职业教育人才培养新模式

行业和职业标准的融入倒逼电梯专业的人才培养改革，将行业标准、职业技能等级标准

等要求有机融入专业人才培养方案,使专业"1"和"X"的有机衔接,改变了学历证书和技能证书两张皮的问题,整合了企业、学校和行业的优势资源,打造了结构优良的师资队伍,优化了课程设置和教学内容,创新了教学组织、教学方法,提升了学生能力评价的科学性,增强了人才培养的适应性、针对性,实现了电梯专业学生的个性化培养和综合能力的提升。基于标准研制的电梯人才培养"杭职模式"示意如图5-2所示。

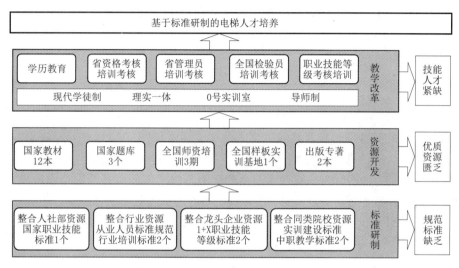

图 5-2　基于标准研制的电梯人才培养"杭职模式"示意

三、人才培养支撑了城市电梯安全与产品国际化

(1) 基于标准研制、资源开发、基地建设及教学模式改革,为电梯工程技术专业培养高质量技术技能人才提供强有力支撑,使电梯专业培养的学生职业能力更加全面,深受企业欢迎。近年来,学生获国家级(行业)大赛奖项共51人次,毕业生就业率达98%。

(2) 标准应用于电梯行业,电梯行业人员从业要求更加规范。所开发的电梯行业职业标准进一步规范了电梯安装维修工的职业岗位能力要求,对从业人员的理论知识和技能要求做了更加明确的规约,弥补了我国电梯安装和维修保养领域职业标准的缺失,规范了全国电梯安装维修工职业教育、培训和职业技能鉴定行为,促进了电梯职业人力资源市场的发展和从业人员素质的提升,保障了电梯行业的高质量发展及电梯使用公共安全。构建了人才学历教育、从业资格培训、技能等级培训、检验员培训和管理员培训等五大人才培养培训体系,近五年完成电梯培训超4万人次,缓解了电梯人才紧缺的局面,提升了从业人员技能水平,进而保障了城市电梯公共安全。

(3) 电梯专业将本教学成果应用到精准扶贫战略及"一带一路"倡议等,结对河北威县、湖北恩施等地区中高职院校,开展电梯人才培养对口帮扶,示范辐射带动相对贫困地区电梯人才培养。面向非洲发展中国家招收培养短期留学生,为"一带一路"沿线国家、企业培养紧缺的电梯高技术技能人才,已完成各类培训50人次以上,依托技能培训、人才外输带动国内民族品牌电梯产品国际化。

第六章　师资共育　行校企共同开展教学

建立行校企"相互兼职、相互培养、多重身份、多重保障"的高水平师资培养机制,实施"教师进企业,大师进课堂"计划,打造一支高水平"混编"实战型教学团队。实施教师企业服务工程,推动专业教师深入企业参与生产实践与技术创新服务,为企业提供技术服务。在学校建立企业工作室,行业企业专家常驻学校。将企业真实任务引入教学,组建教师师傅团队,共同开展教法研究和技术服务,打造"身份互认、角色互换"的高水平师资队伍。

第一节　行校企师资融合,共建高水平师资队伍

坚持"人才强校",按照"弘扬师德、分类施策、专兼职教师两手抓"的建设思路,以专业群建设为起点,重构跨专业教学团队;依托三大平台,增强教师队伍"善教学、会实操、能研究"的复合型能力;实施专项工程,打造三支精干队伍;建立"三共"机制,提升行校企协同育人水平;教学与科研并重,以校企共同体为依托,构建双师队伍培养体系,推进"双师型、结构化"高水平教师队伍建设,如图6-1所示;以"四有"标准为基石,

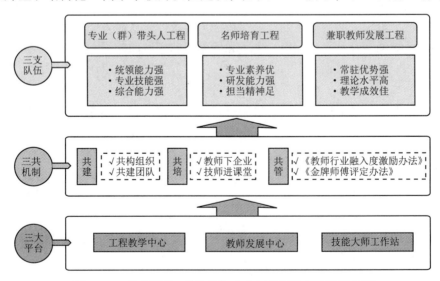

图6-1　"双师型、结构化"高水平教师队伍建设示意图

细化教师分类标准，引领教师发展。深化三大工程，打造校本培训精品项目，试点创新"优绩优酬"分配制度，激发教师活力，全面推进高水平双师队伍建设，建成一支数量充足、专兼结合、结构合理的"身份互认、角色互换"高水平双师队伍。

一、依托三类平台，提升教师队伍复合型能力

围绕高职类型特征，全力打造具有卓越教学能力、岗位实战能力和技术研发能力的复合型师资队伍。依托教师发展中心、工程教学中心、技能大师工作站等平台，探索教师分工协作模块化教学模式，提升教师队伍课程教学资源创新能力和课堂革命实践能力。

（一）依托应用技术协同创新中心，构建"立地式"科研服务体系

实现教师科研与企业需求的匹配，达到多方共赢的目的。一是教师下企业服务，依托工程教学中心建立项目合作服务平台，在友嘉、西奥、西子航空等企业设立教师服务工作站，着力解决行业企业在研发和生产制造过程中遇到的技术难题。二是技术开发服务，通过协同创新中心与行业企业共建联想工业互联网研究院、西奥电梯技术研究院，教师揭榜挂帅助力企业攻克"卡脖子"难题，帮助企业打造智能制造、工业互联网领域新优势，推进企业新旧融合、动能接续依托国家电梯中心（浙江）、机电工程创新中心等科研平台，以企业技改项目为抓手，提升教师立地式研发能力。三是实操能力提升服务，依托友嘉精密制造中心、奥的斯华东区培训中心、杭州西奥大学等产教融合型企业培训中心、双师培训基地，按照"学生会的，老师首先要强"的要求，提升教师面向企业实际岗位的实操水平。

（二）依托教师发展中心，开展常态化教师教学能力提升工程

以"教研引领、积极实践、贴近一线、互学共进、共同发展"为宗旨，以行校企合作为抓手，使教师发展中心成为"教学研究的实体、教师成长的园地、交流辐射的平台"。通过专业引领、自主学习、课题研究、学术沙龙、专项培训等多种形式，培养"爱阅读、肯研究、上课好、乐合作、会创新"的教学能手和科研型教师。培养善于开发与整合课程资源，熟练掌握现代教育技术，运用现代教育理念开展信息技术与相关课程相结合的教学实践能力，形成鲜明的教学特色。

（三）依托技能大师工作站，助力"双师"建设

通过技能大师领衔与企业专业人才合作的形式，通过向专业人才提供技能展示、继承以及发扬平台的方式，依托"教师工作站"和"企业技师工作站"，学校可以把企业的能工巧匠、技能大师、高端技师等纳入兼职教师队伍，共同参与专业教学、课程建设、实训室建设、教材编写等工作，重点承担实践技能要求高的课程教学，加强教学与生产实际的结合度；也可以让校外能工巧匠和技术专家参与教学备课、批阅作业，指导学生技术技能创新、从事教学研究等活动。校外能工巧匠、技术专家和校内教师还可以依托该平台进行技术交流、联合科技攻关、职教能力的提升等活动，以实现高素质技术技能人才的共管、共育，培养出的学生可供合作企业优先挑选。"教师工作站"和"企业技师工作站"作为校企双方交流合作的创新平台，能实现校企双方资源共享、优势互补、责任共担、利益共享。这种合作模式既可解决目前高水平"双师"型教师不足的问题，又能有效促进人才培养质量的提升。

二、打造三支队伍，提升双师队伍整体素质

按照结构化培养需要，构建教师队伍培养培训体系，从专业（群）带头人、骨干教师和兼职教师三个维度分类培养，明确各类队伍的培养定位，围绕岗位职责和发展需要，错峰实施企业经历工程，有针对性地提升师资队伍能力，提高团队结构化水平。

（一）实施"名专业带头人工程"，提升"头雁"引领能力

遴选一批技能突出、综合能力强的专业带头人，实施"名专业带头人培养工程"，培养具有统领能力的专业群带头人和专业带头人。围绕领军人物，推进创新团队建设。通过国内外访问学习、领军能力研修、全国行业委员会兼职锻炼等途径，提高教学能力、科研水平、行业地位，扩大国际视野。建立校企双带头人机制，每个专业在原有 1 名校内专业带头人的基础上，再聘任 1 名行业内绝技绝艺技术能手作为兼职专业带头人，参与人才培养模式改革、课程体系构建等专业建设工作，共建大师工作室（站），共同开展企业技改服务活动。

（二）实施"名师培育工程"，提升骨干教师担当能力

依托学校名师培育工程，立足专业特长和职业兴趣，实施"目标明确、路径清晰、举措有力"的骨干教师职业生涯规划。选派骨干教师赴国外考察学习先进的职业教育思想和课程建设方法，开拓国际化视野，提升其专业素养和教学科研能力。选拔骨干教师到国家、省市行业法规标准部门及型式试验中心挂职锻炼，深层次掌握行业政策、了解制定导向，汇聚行业资源。遴选技术骨干到高端制造企业技术部门参与新技术、新材料、新工艺的研发，提高技术研发能力和将企业岗位要素转化为教学资源的能力。充分发挥骨干教师队伍在教学改革中的中坚作用，鼓励骨干教师全面参与示范课堂、在线课程和资源库建设，做到"人人有项目、个个能担当"。

（三）发挥常驻优势，打造一支教学能力强的企业兼职教师队伍

发挥电梯工程技术专业群大批企业技师常驻学校的天然优势，建立覆盖电梯产业链的专业兼职教师资源库，建设一支"水平高、能力强、教学优"的兼职教师队伍。通过学历教育提高其理论水平，鼓励并支持常驻教师考取教师资格证，提升教学水平。制定《企业兼职教师教学能力认证标准》，定期开展 TTT 培训（企业培训师培训），提升企业技术人员课堂教学能力。制定《电梯工程技术专业群常驻学校兼职教师管理办法》，完善对企业技师教学实效的考核，对教学优秀的教师，通过企业捐建的"电梯教育基金"给予奖励。建设期内，兼职教师承担的专业课学时比例达到 30% 以上。

三、构建"三共"机制，提升行校企师资协同育人水平

完善理事会领导下的院长负责制，增设由教学副院长分管的校企师资管理办公室，构建行校企师资队伍"共建、共培、共管"机制，统筹校企双方人力资源培养、管理、考核、评价等工作。发挥浙江省特种设备科学研究院、友嘉集团、奥的斯全球培训中心和杭州容安特种设备职业技能培训有限公司一线技师常驻学校的优势，制定"教师下企业，技师进课堂"规划。实施教师企业、行业经历工程，制定专业教师下企业激励制度，落实 5 年一周期的全员下企业

锻炼 6 个月制度，做到"一师一岗"（每位教师联系对接一个企业典型岗位）、"一师多案"（每位教师承担多项企业生产实践项目与技术攻关）；建立《教师行业融入度激励办法》，对担任国家行指委、专指委职务以及入选企业专家库的教师给予奖励与政策支持。制定《金牌师傅评定办法》等激励办法、提升一线技术师傅参与教学的积极性。

第二节　政行校企共建标准，推进教学改革

我国高职院校"校企合作""产教融合"现象比较普遍，但是由于各方利益点和需求较难统一，很多合作都仅留存于形式，各方在人才培养与服务地方等实际过程中，各自为政，较难达成统一。因此，如何构建有效机制，整合政府、行业、企业各方资源，达到多方共赢，高标准实现电梯高技术技能人才的培养，成为亟须解决的问题。

基于"政、行、校、企"协同育人机制，实现四方资源整合，破解电梯标准制定各自为政瓶颈，实现电梯人才培养目标与标准相统一。基于岗位需求、技能要求、准入资格、基地建设等，研制国家电梯人才培养 9 大规范标准，构建了电梯人才培养质量首个标准体系，提高了电梯人才培养质量。

一、跨界整合，研制国家 9 大规范标准

构建全国唯一的特种设备学院，搭建全国一流的电梯人才培养平台，跨界整合"政行校企"优质资源，成功研制全国电梯人才培养标准，示范引领全国电梯人才培养。2021 年，作为编写组组长单位，集国内电梯教学名师、大赛金牌教练、行业企业专家，编写《高职（专科）教育电梯工程技术专业教学标准》（如表 6－1 所示）、《高职（本科）教育电梯工程技术专业教学标准》。

表 6－1　高职（专科）教育电梯工程技术专业教学标准

序号	标准名称	参与情况	整合类别	颁布部门
1	《电梯安装维修工》职业技能标准	主持	政府	人社部
2	《电梯维修作业人员考核大纲》	参与	行业	国家市监管局
3	《电梯安装、改造、修理和维护保养作业人员培训规范》	参与	行业	中国电梯行业协会
4	《电梯维修保养》1＋X 职业技能等级标准	第二	龙头企业	教育部
5	《智能网联电梯维护》1＋X 职业技能等级标准	参与	龙头企业	教育部
6	《高等职业学校电梯工程技术专业实训教学条件建设标准》	参与	同类院校	教育部
7	《中等职业学校电梯安装与维护保养专业教学标准》	副组长单位	同类院校	教育部
8	《高职（专科）教育电梯工程技术专业教学标准》	主持	同类院校	教育部
9	《高职（本专科）教育电梯工程技术专业教学标准》	主持	同类院校	教育部

二、主持开发，填补人才培养资源空白

基于标准研制，开发五大教学资源。依托教材教学、考核题库、实训基地、师资培养、总结专著五大资源优势，填补全国电梯人才培养优质资源空白，深化电梯人才培养改革。电梯工程技术专业教学资源如表6-2所示。

表6-2　电梯工程技术专业教学资源

序号	资源体系	资源名称	资源作用
1	教学教材	电梯安装维修工职业技能国家培训教程（5本）	社会职业技能培训
		电梯工程技术专业国家教学资源库库教材3本	学历教育教材
		1+X职业技能等级培训教材3本	1+X技能培训
		电梯从业人员资格考核培训教材1本	从业资格培训
2	考核题库	《电梯安装维修工》职业技能鉴定国家题库（5个等级）	人社部职业技能鉴定
		《电梯维修保养》1+X职业技能等级考核题库（3个等级）	教育部技能等级鉴定
		电梯从业人员资格考核系统1套	行业从业资格准入考核
3	实训基地	全国一流，能对电梯进行安装、改造、维保、大修及调试的生产性实训基地	全国建设样板
4	师资培养	全国一流专业教学团队	推动教学改革
		连续三年全国电梯师资能力培训	提升全国师资能力
5	总结专著	智能电梯工程控制系统技术与应用	凝练总结示范
		传承·突破：现代学徒制创新发展研究	

三、依托标准，重构课程体系

按照"专业设置与产业需求对接、课程内容与职业标准对接、教学过程与生产过程对接"三个对接的原则，围绕电梯产业岗位，构建"底层通用、中层共享、高阶分立、模块互选"的课程体系。整合学校办学资源和专业群课程资源，根据职业标准，将学生实训课程体系和企业员工技能培训课程相互衔接，提高对企业的服务能力，打造"标准引领，内容自选"的教学模块。电梯工程技术专业群课程体系示意如图6-2所示。

第三节　行校企协同育人，创新电梯职业教学案例

目前我国技能人才的主要培养单位是职业院校。传统高等教育是以理论教育、学历教育为主的教学体制，很难做到时刻紧跟技术变革和应用创新，及时培养出符合行业企业最新需求的技能人才，而以技能为主的行校企融合的职业教育培养模式满足了行业企业这一需要。市场、企业究竟需要哪些人才？它们所需的人才要具备哪些新的技能？这就

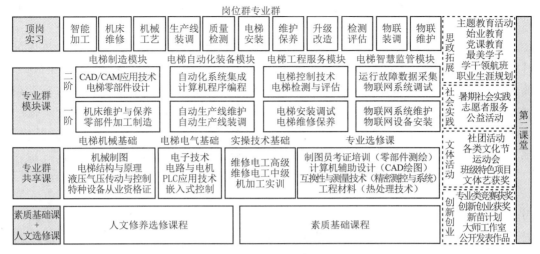

图 6-2 电梯工程技术专业群课程体系示意图

需要行业企业和职业院校在政府的引导下有机地融合，充分利用对方的资源，在人才培养上实现优势互补，使学生更早地获得实践的机会，有针对性的学习技能；企业也可以从早期开始培养自身需要的人才，缩短培养周期，有效地降低培训成本，实现行业企业与职业教育双赢的目标。

随着我国经济的快速发展，现代企业所需的技能人才不再是普通的农民工，而是经过职业教育系统培训、专业性极强的年轻人。为了更好地获取有用人才，行业企业必须有针对性地参与职业教育，制定培养方针、目标，协商培养模式、培训内容，派出技术能手为学生们上课，提供实习场所，把企业所需直接与职业教育的培养挂钩，通过这种方式，企业拥有了相对稳定的人才培养基地，不会因为"用工荒"而导致企业停工停产。同样，职业教育如果不以服务企业为目标，积极主动地了解企业需求，那么培养出来的学生也将无用武之地，所以职业教育必须与行业企业积极合作，寻求适合自己的模式，不断地发展壮大。

传统的职业教育课程不适合新时代行业企业的用人需求。以电梯工程技术专业为例，近年来，信息技术已广泛应用于电梯生产、制造、维修各个领域，尤其是电梯维保中，传统的维保逐渐被高效率、高可靠性、高自动化的数字化诊断维保所代替。目前，新生产的民用电梯数字化率已达到85%以上，而我国职业院校电梯工程技术专业普及信息化课程不到30%。随着民营经济的飞速发展，我国沿海经济发达地区（如广东、浙江、江苏、山东）的企业，在电梯智能化领域的人才需求日益突出，既懂传统电梯技术又有信息化技术能力的人才更是供不应求。但是我国的现状是具有普通电梯专业知识的人很多，但符合行业企业需求、具有实践经验的高级数字化电梯人才太少，这种情况制约着企业的大发展。

职业技能源于行业，在一定程度上，职业教育的课程内容决定了学生的学习方式和预期的学习结果。行业的技能需求决定了职业教育课程内容的价值取向与定位。职业教育应当首先致力于为行业提供技术技能人才。职业教育要为受教育者的职业生活做准备，其中来自行业企业的职业活动是职业教育的主要组成部分，行业企业的职业活动内容要成为职业教育的课程内容,并且是以技术性知识为主。职业教育是为就业服务的,就业就要有相应的职业岗位。岗位是根据企业的实际需求而设定的,企事业单位及其他用工单位根据岗位需求会提出相应的标准。这些标准由企业执行层的代表和企业决策层的代表共同提出。企业执行层的代表长期在该领域工作,有着丰富的工作经验,他们熟知工作的每一个步骤,以及步骤与步骤之间的内在联系,他们很清楚新来的员工应具备怎样的基本素质和综合的职业能力,能够将企业的这种要求进行客观的、准确的、具体的描述。这些员工应该具备怎样的基本素质和综合的职业能力就是职业教育的课程教学内容。目前,用人单位希望职业教育的课程教学内容要从强化单一技能到多项技能的充分兼顾、从强化专业技能到关键技能的整体塑造、从强化专业实践到专业理论的适度提升,当然这是一个渐进的、与生产力发展要求相匹配的过程,既不能停滞不前,也不能操之过急。行业企业应当积极参加职业教育的课程建设,这是行业发展的必由之路。职业教育培养的是有知识和技能的技术工人,职业教育课程内容要根据行业企业的需求适时调整。

如何与行业企业融合打造基于行业企业背景的职业教育课程是职业教育的改革方向,下面以行校企融合打造的"电梯曳引系统失效分析"教学案例来分析,如表6-3所示。

表6-3 "电梯曳引系统失效分析"教学案例

1.1 授课信息			
教学内容	电梯曳引系统失效分析	课程名称	电梯检测技术
课程类型	理实一体化	专业名称	电梯工程技术
授课对象	电梯(西奥班)1911	授课学时	4学时(160分钟)
授课地点	电梯装调与维修实训基地	授课时间	3月5日 第1—4节
1.2 任务内容			

本次授课为西奥电梯班专业课程"电梯检查技术"。该课程是在浙江省特种设备科学研究院的指导下,杭州职业技术学院与西奥电梯有限公司合作打造的订单班课程。本次内容以模块二"电梯曳引系统检测与调整"中的任务一"电梯曳引系统失效分析"的教学内容为例。

首先是西奥电梯融入大数据信息技术背景,企业要求加强学生大数据的背景知识,在企业导师的指导下制定课程引入内容通过大数据来执行。通过分析电梯大数据平台的数据引出曳引系统,分析驱动主机、钢丝绳和制动器这三大曳引系统部件的失效类型和失效模式,结合国家标准(在浙江省特种设备科学研究院的指导下)重点讲解驱动主机曳引轮、导向轮,钢丝绳断丝,制动器间隙和制动器检测开关的失效模式,并辅以虚拟仿真检测进行巩固强化,为后续部件拆装和诊断调整的课程奠定理论基础。

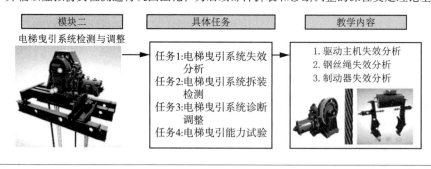

续表

1.3 教学目标		
知识目标	能力目标	素质目标
（1）熟悉电梯曳引系统驱动主机常见失效类型及原因； （2）熟悉电梯曳引系统钢丝绳常见失效类型及原因； （3）掌握电梯曳引系统制动器常见失效类型及原因。	（1）能对曳引系统驱动主机的故障进行失效分析； （2）能对曳引系统钢丝绳的故障进行失效分析； （3）能对曳引系统制动器的故障进行失效分析。	（1）养成分析曳引系统部件失效引发事故的系统思维； （2）逐步养成良好的劳动习惯和质量意识； （3）逐步养成保障城市公共安全的职业操守。

1.4 学情分析

本次任务为电梯曳引系统部件的失效分析，需要结合标准对曳引系统的三大部件（驱动主机、钢丝绳和制动器）的失效展开理论分析与仿真检测，为后续任务中部件的拆装检测和诊断调整奠定基础。曳引系统部件失效的原因分析，要求学生必须能够灵活且严谨地运用所学的知识和技能，对于学生有一定的难度。综合学情分析如下：

【已有知识】

（1）已熟练掌握曳引系统驱动主机、钢丝绳和制动器的结构原理；

（2）已初步了解曳引系统驱动主机、钢丝绳和制动器的 TSGT7001—2009（含三号修改单）和 GB 7588—2003（含一号修改单）标准的相关知识。

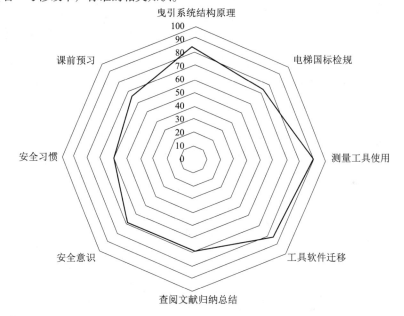

【已有技能】

（1）具有熟练规范使用游标卡尺等测量工具的能力；

（2）具有熟练使用 AutoCAD 等工具软件并具有较强迁移能力；

（3）具有查阅文献并根据所获得的知识归纳总结的基本能力。

【存在不足】

（1）具备基本的安全意识，但安全习惯的养成还有待加强；

（2）对于制动器失效类型和失效模式预习结果不尽人意，正确率有待提升。

续表

1.5 重点难点	
重点	难点
（1）驱动主机曳引轮和导向轮的失效模式； （2）曳引钢丝绳的失效模式； （3）制动器间隙和制动器检测开关的失效模式。	（1）驱动主机产生异常噪声和振动时，曳引轮和导向轮失效模式的正确判断； （2）曳引钢丝绳断丝失效的正确判断； （3）制动器失效时，制动器间隙和制动器检测开关失效模式的正确判断。

2.1 教学方法	
教法	学法
问题教学法、任务驱动法，案例分析法	自主学习法，小组探究法

2.2 授课资源	
教学环境	  全国电梯检验员培训考证基地实景图 （来源校企合作的实训基地）
信息技术手段和资源	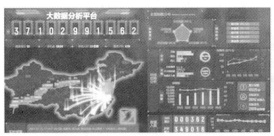  大数据分析平台截图（企业资源） 5G 智能 AR 眼镜实物图   电梯虚拟仿真测试平台截图（校企共同开发） 国家级教学资源库截图

续表

硬件设备	2.2 授课资源
	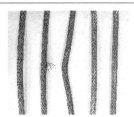 钢丝绳实物图（企业提供）  钢丝绳探伤仪实物图  电梯驱动主机教学案例图 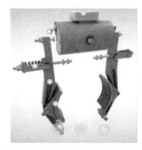 电梯制动器教学案例图（企业提供）

2.3 教学设计

本次课为电梯曳引系统失效分析，是电梯曳引系统拆装检测和电梯曳引系统诊断调整的基础理论课程，教学过程分为课前、课中和课后三个阶段。

课前，学生登录国家级电梯教学资源库自主学习线上资源，观看电梯驱动主机、钢丝绳和制动器工作原理和失效类型的微课视频（企业制作），初步了解曳引系统三大部件的失效形式，领取电梯曳引系统相关国家标准文件进行阅读（行业制作），最终完成课前测试。

课中，聚焦教学重难点，借助虚拟仿真平台和电梯标准进行曳引系统失效的理论讲解，使学生自主完成驱动主机曳引轮、导向轮，曳引钢丝绳和制动器的失效模式分析，再组织学生进行仿真检测，巩固教学重点，突破难点。

课后，借助线上测试和失效分析报告巩固所学内容。（企业参与）

具体活动安排如下图所示：

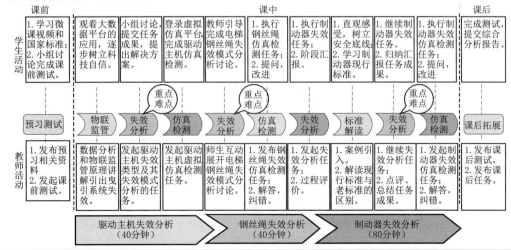

续表

	3.1 课前准备		
环节	设计目的	教师活动	学生活动
预习测试	(1) 课程学习任务前置，让学生提前进行理论知识学习，提高课堂效率，加强学生自学能力； (2) 线上平台交流，有利于老师了解学生学习进度和问题点，及时进行交流。	(1) 在教学资源库平台上发布微课视频（企业）、电梯国家标准及检验规则（行业），布置预习任务，发起课前测试； (2) 查看学生学习情况、小组讨论情况，课前测试情况，实时追踪，及时调整教学策略。	(1) 登录教学资源库学习平台，学习电梯曳引系统微课视频和相关知识； (2) 查收电梯曳引系统案例的基本信息，查阅电梯曳引系统的国家标准、企业标准及检验规则，小组讨论； (3) 完成课前测试。

	3.2 教学实施		
子任务1 驱动主机失效分析（1课时）			
环节	教学内容		
数据分析 物联监管 （7min）	(1) 电梯大数据平台的应用； (2) 电梯物联网大数据平台的整体架构。		
	设计目的	教师活动	学生活动
	企业导师通过电梯大数据平台的数据分析和原理讲解，帮助学生了解互联网科技在电梯中的应用，使学生逐步树立科技自信。	(1) 分析电梯大数据平台中各个数据模块； (2) 讲解电梯大数据平台物联监管的原理； (3) 讲解电梯风险预警功能在大数据平台中的实现原理； (4) 通过大数据平台对电梯机房主机参数的监控引出电梯驱动主机的教学。	认真听讲，观看大数据平台，代入电梯失效真实情境。
	大数据实施监控截图		
环节	教学内容		
问题导入 （2min）	(1) 驱动主机正常和失效运行时，噪声和振动的不同形式；(2) 驱动主机的异常噪声和振动，由机械部分和电梯部分引起。		
	设计目的	教师活动	学生活动
	通过驱动主机失效模拟视频，使学生直观感受电梯驱动主机处于异常噪声和振动的工况，能区分正常和失效时的主机状态，激发学习兴趣。	(1) 播放电梯驱动主机异常噪声和振动的失效模拟视频和正常运行的视频； (2) 提出造成驱动主机异常噪声和振动的问题。	(1) 观看驱动主机异常噪声和振动的失效视频和正常运行的视频； (2) 记录老师关于驱动主机异常噪声和振动的问题。

续表

环节	教学内容		
分析问题 （14min）	（1）机械部分的主要失效类型：曳引轮、导向轮异常噪声和振动，减速箱异常噪声和振动； （2）电气部分的主要失效类型：电动机线圈绕组、主机驱动元器件失效； （3）曳引轮的失效模式：曳引轮轴承损坏；曳引轮或曳引钢丝绳与其防护装置刮擦； （4）导向轮的失效模式：导向轮轴承损坏； （5）减速箱的失效模式：减速箱内润滑油过多或者变质；减速箱蜗轮蜗杆轴承损坏； （6）电气部件的失效模式：电动机线圈绕组损坏、绝缘不良或者主机驱动元器件损坏。		
	设计目的	教师活动	学生活动
	（1）以问题为导向，通过小组讨论的形式，激发主动学习的意识，提高学习效率； （2）通过小组讨论的方式，增强学生团队合作精神； （3）以小组分享的形式，锻炼学生的表达能力，激发学生的潜在意识； （4）将失效模式和相关标准结合起来讲解知识点，增强职业认同感。	（1）组织学生针对驱动主机异常噪声和振动的失效类型与失效模式进行小组讨论； （2）巡场指导，对于讨论过程中学生提问进行答疑； （3）对学生分享的讨论结果进行点评、指正和补充； （4）主机异常噪声和振动的失效模式、相关标准及检测方法等重要知识点进行讲解。 主机检测视频截图（企业）	（1）根据老师要求，进行讨论，分析驱动主机的失效类型及其失效模式； （2）讨论过程中，遇到难题及时提问； （3）分享驱动主机失效的讨论结果； （4）学习驱动主机异常噪声和振动的失效模式、相关标准等重要知识点。
环节	教学内容		
解决问题 （7min）	（1）曳引轮失效解决方案：根据西奥电梯厂家或驱动主机说明书，更换曳引轮轴承；对曳引轮及其防护装置进行调整，避免相互擦碰； （2）导向轮失效解决方案：根据西奥厂家或驱动主机说明书，更换导向轮轴承；对导向轮及其防护装置进行调整； （3）减速箱失效解决方案：如原有润滑油严重变质黏稠，应使用柴油等有机溶剂清洗减速箱内部；更换蜗轮蜗杆轴； （4）电气部件失效解决方案：更换电动机线圈绕组或者主机驱动元器件。		
	设计目的	教师活动	学生活动
	（1）通过微课视频，帮助学生快速掌握驱动主机各失效模式的调整解决方案；	（1）结合学生的汇报结果，通过播放微课视频，给出各失效模式的解决方案，并进行原理讲解；	（1）观看微课视频，查阅教材和标准，结合老师的理论讲解，梳理知识点；

续表

环节	教学内容		
	设计目的	教师活动	学生活动
解决问题 (7min)	(2) 教师在学生分析讨论的基础上进行原理讲解,便于学生的理解和掌握。	(2) 对学生产生的新问题进行解答。 处理减速箱失效视频截图	(2) 对不理解的知识点或产生新问题进行提问。 驱动主机实物图

环节	教学内容		
驱动主机 仿真检测 (7min)	(1) 严格按照西奥电梯安全操作规范,检测驱动主机失效情况; (2) 以正常状态上下全程运行电梯,同时在机房内和轿厢内,观察曳引机和曳引系统在运行中是否存在异常噪声或振动; (3) 在断电情况下,手动松闸,观察驱动主机是否存在振动或异响,从而判断是否是机械部分引起的。		
	设计目的	教师活动	学生活动
	(1) 通过驱动主机的虚拟仿真检测,帮助学生强化主机失效的理论认知,为后续电梯曳引系统的部件拆装检测和真梯诊断调整奠定理论基础; (2) 学生在虚拟仿真平台中演示钢丝绳的失效检测,初步建立安全规范的操作意识,固化学生安全习惯,建立规范操作底线,树立科技自信。	(1) 发布驱动主机虚拟仿真检测任务; (2) 通过后台查看学生完成情况,对有困难的学生进行针对性辅导,确保所有学生通过虚拟仿真任务。 学生完成情况截图	登录电梯虚拟仿真平台,完成曳引机异常振动和异响的检测任务,提交学习成果。 驱动主机失效检测截图

环节	设计目的	教师活动	学生活动
评价小结 (3min)	(1) 通过对本次任务的总结,强化学生对驱动主机失效与检测的认知与理解; (2) 通过学生的自我总结,锻炼学生归纳和逻辑能力。	(1) 对学生的仿真操作完成情况进行总结评价; (2) 邀请学生对驱动主机失效与检测的知识点进行总结。	体会与感悟,归纳总结驱动主机的相关标准要求和失效及其对应解决方法。
课间休息5min			

续表

子任务 2 钢丝绳失效分析（1 课时）			
环节	设计目的	教师活动	学生活动
问题导入 （2min）	通过经过使用的电梯钢丝绳实物，引出钢丝绳失效分析的任务。	（1）为每组提供相同规格、不同失效状态的钢丝绳实物及配套测量工具； （2）提出钢丝绳是否需要报废处理的问题。	（1）领取钢丝绳和配套测量工具； （2）仔细聆听老师的要求。
环节	设计目的	教师活动	学生活动
钢丝绳 失效检查 （4min）	（1）通过请学生观察电梯现场带回的含多种失效形式的钢丝绳，帮助学生形成感性认识，引出钢丝绳检测任务； （2）课前和课中紧密结合，使学生巩固课前钢丝绳失效的知识点； （3）通过小组讨论，以学生为主体进行做中学，激发学生学习积极性，提高学习效果。	（1）针对钢丝绳是否需要报废处理的问题，布置钢丝绳的观察任务，要求各组结合课前预习知识进行小组讨论； （2）巡回检查，观察学生讨论情况，处理各小组提交的讨论结果。 钢丝绳实物图（企业）	（1）戴上手套，仔细观察钢丝绳，自主判断是否需要使用配套工具测量钢丝绳； （2）结合课前预习的 TSGT 7001—2009 电梯检规，判断各钢丝绳是否需要报废处理； （3）完成讨论后，在教师机书写讨论结果。 电梯检规截图（行业）
环节	教学内容		
钢丝绳 失效分析 （9min）	（1）曳引钢丝绳的失效模式主要包括：钢丝绳断丝、钢丝绳断股、钢丝绳折弯以及钢丝绳磨损； （2）钢丝绳磨损失效的更换标准：根据 TSGT7001—2009 电梯检规，当钢丝绳的磨损量超过 10% 时，需要进行更换；（行业提供） （3）钢丝绳磨损量的检测工具：必须采用宽口钳游标卡尺； （4）在虚拟仿真平台中检测钢丝绳的安全操作规范：控制电梯运行，停止后，必须先动作急停开关，才能检测钢丝绳，确保自身安全。		

续表

环节	教学内容		
	设计目的	教师活动	学生活动
钢丝绳失效分析（9min）	（1）学生通过老师提出的与生活密切相关的曳引电梯钢丝绳是否会断裂以及是否需要更换的问题，进入真实情境。并分析西奥电梯公司在实际工作中出现的问题； （2）学生在老师的引导下对比是否严格执行检规所作出的判断之间的差异，明确检规标准的重要性，充分认识严格检测标准的执行要"践于行"； （3）学生在虚拟仿真平台中演示钢丝绳的失效检测，初步建立安全规范的操作意识，固化学生安全习惯，建立规范操作底线，树立科技自信。	（1）通过钢丝绳的广泛应用，引出电梯钢丝绳是否需要更换的主题； （2）引导学生共同分析比较前一环节提交的失效判断结果的差异，明确遵守标准的重要性； （3）根据学生在测量钢丝绳磨损量时可能存在的差异，明确必须使用宽口钳游标卡尺进行测量的结论； （4）向学生展示钢丝绳现场照片； （5）点评分析总结失效分析情况； （6）邀请学生在虚拟仿真平台中进行钢丝绳失效检测的操作，强调安全规范操作的重要性。 钢丝绳断丝断股案例图	（1）同学根据老师提出的问题可以畅所欲言表达自己的观点或者提出疑问； （2）在老师引导下，分析比较前一环节所做判断的差异，明确遵守标准的重要性； （3）分别用宽口钳游标卡尺和普通游标卡尺再次对钢丝绳进行测量，明确两种游标卡尺测量时的区别； （4）观察老师展示的钢丝绳现场照片； （5）同学聆听思考老师所作总结点评； （6）同学上前在虚拟仿真平台中进行钢丝绳失效检测演示。 钢丝绳失效仿真检测截图

环节	教学内容
钢丝绳仿真检测（7min）	（1）钢丝绳失效检测的操作规范：控制电梯运行，观察钢丝性表面状态，当发现钢丝绳失效点时，停止运行，第一时间动作急停开关，保证电梯处于安全状态，再开始检测； （2）钢丝绳断丝、断股失效检测：观察钢丝绳表面是否出现断丝或者断股现象； （3）钢丝绳折弯失效检测：观察钢丝绳表面是否出现折弯现象； （4）钢丝绳锈蚀失效检测：观察钢丝绳表面是否出现泛红现象； （5）钢丝绳磨损失效检测：检修运行时，钢丝绳表面出现光亮，表示钢丝绳出现磨损，采用宽口钳游标卡尺以正交方式测量两次，确定磨损量。

续表

环节	教学内容		
	设计目的	教师活动	学生活动
钢丝绳仿真检测（7min）	（1）利用企业虚拟仿真平台进行钢丝绳失效检测，熟练操作流程，熟悉安全操作规范，固化安全习惯，为后续部件拆装检测和真梯诊断调整的任务实施奠定基础； （2）使学生具备在仿真平台中寻找钢丝绳失效位置的能力，强化安全规范操作意识和技能。	（1）发布钢丝绳失效的仿真检测任务； （2）巡回指导，纠正钢丝绳虚拟仿真检测过程中出现的问题并加以记录； （3）对学生提出的问题进行集中讲解，解决钢丝绳失效判定、规范操作等常见错误。 钢丝绳虚拟仿真截图	（1）登录虚拟仿真平台反复练习安全规范操作，完成钢丝绳失效检测任务； （2）改正老师提出的错误操作； （3）对于还未掌握的知识点和技能要求及时向老师提问。 仿真报警提醒截图

环节	教学内容		
标准讲解（6min）	（1）钢丝绳断股、折弯、磨损以及锈蚀的失效检测在虚拟仿真平台非常容易实现，但是钢丝绳断丝肉眼难以区分，存在较大技术难度； （2）钢丝绳断丝报废标准：任何一个捻距内单股的断丝数大于4根；或者断丝集中在钢丝绳某一部位或一股；一个捻距内断丝总数大于12根（对于股数为6的钢丝绳）或者大于16根（对于股数为8的钢丝绳）。		
	设计目的	教师活动	学生活动
	（1）通过总结学生仿真练习，提出钢丝绳断丝的检测问题，使学生更加有代入感； （2）通过老师的讲解，使学生熟悉电梯检验规则中关于钢丝绳断丝情况的规定，并利用在线测试检验学习效果。	（1）总结仿真练习，提出检测钢丝绳断丝达到报废标准的疑问； （2）讲解电梯检验规则中关于钢丝绳断丝情况的规定； （3）发起在线测试。 钢丝绳断丝检测规范截图	（1）仔细聆听； （2）做好课堂笔记； （3）完成在线测试。 钢丝绳结构案例图

续表

环节	教学内容		
探伤仪操作演示（7min）	（1）钢丝绳不会出现断裂的原因：根据钢丝绳的结构组成，势必是先断丝，再断股，最后断绳，所以在断裂前已达到钢丝绳报废标准； （2）钢丝绳探伤仪的工作原理：传感器采集钢丝绳断丝状态数据，通过数据采集器的转换，传输至电脑终端在线检测系统，最终形成一条曲线，从而确定钢丝绳断丝位置和数量； （3）钢丝绳探伤仪的使用：①设备连接；②参数设置；③人工采集；④结果分析。		
	设计目的	教师活动	学生活动
	（1）以学生在虚拟仿真时，检测钢丝绳断丝遇阻为突破口，使学生和钢丝绳断丝检测间产生共鸣，激发学生对钢丝绳断丝检测方法的求知欲； （2）通过教师演示钢丝绳探伤仪的示范操作，帮助学生熟悉钢丝绳探伤仪的操作。	（1）通过钢丝绳的结构型式和标准规范讲解钢丝绳不会出现断裂的失效现象； （2）提出采用钢丝绳探伤仪进行检测断丝的方法； （3）简单介绍钢丝绳探伤仪的结构与原理； （4）使用钢丝绳探伤仪进行断丝检测演示。	（1）仔细聆听老师的知识点讲解，并做好笔记； （2）仔细观看老师如何使用钢丝绳探伤仪检测钢丝绳的操作步骤。
	钢丝绳探伤仪使用截图		
环节	设计目的	教师活动	学生活动
测试总结（5min）	（1）通过测试，掌握学生学习目标达成情况； （2）通过总结，巩固钢丝绳失效分析的学习效果。	（1）发布测试，掌握学生学习效果； （2）重点回顾测试中普遍存在的共性问题； （3）总结钢丝绳失效分析的重难点。	（1）按要求完成测试，了解自身的学习效果； （2）仔细聆听记录自己还未掌握的知识点。
课间休息10min			
子任务3 制动器失效分析（2课时）			
环节	设计目的	教师活动	学生活动
案例导入明确目标（4min）	（1）引入西奥公司电梯冲顶事故真实案例，强调制动器安全关乎百姓生命安全；	（1）播放电梯冲顶事故视频，进行事故原因的小组讨论； （2）巡回指导，针对学生提出的疑问现场答疑；	（1）观看电梯冲顶的事故视频； （2）进行小组讨论，针对事故原因进行分析；

续表

环节	设计目的	教师活动	学生活动
案例导入 明确目标 （4min）	（2）通过小组讨论，发挥学生自主学习能力，培养团队合作精神； （3）通过成果分享，锻炼学生语言表达能力； （4）通过教师强调制动器在电梯安全中的重要性，培养学生坚守安全底线的职业素养。	（3）点评、补充小组讨论结果，明确制动器失效导致电梯冲顶发生； （4）强调制动器在电梯曳引系统中的核心地位，明确教学目标。	（3）分享讨论成果，其余同学仔细聆听； （4）认真听记教师所强调的内容，明确学习目标。 **电梯冲顶视频截图**

环节	教学内容
失效类型 判断 （10min）	（1）电梯行业普遍使用的制动器类型：块式制动器、盘式制动器和制动臂鼓式制动器； （2）各类制动器的主要失效类型见下图。三类制动器中制动衬、制动间隙、制动器检测开关和制动器铁芯都存在失效风险，除此之外，制动臂鼓式制动器还存在各销轴部分的失效风险。 **制动器失效类型案例图**

	设计目的	教师活动	学生活动
失效类型 判断 （10min）	（1）通过虚拟仿真平台，能够清晰展示各类制动器的结构型式，帮助学生进行失效分析，提高学习效率； （2）通过虚拟仿真平台，能快速掌握各类制动器的结构与原理，为后续部件拆装和真梯操作提供有力支撑。	（1）发布制动器失效类型分析任务，要求各组在虚拟仿真平台中找出各类制动器失效点； （2）巡回指导，现场答疑； （3）点评、补充学生讨论成果。 **制动器类型案例图**	（1）登录虚拟仿真平台，仔细观察不同制动器结构，寻找失效点； （2）个别同学提出相关疑问； （3）汇报任务成果； （4）归纳总结不同制动器的失效类型。 **各类制动器案例图**

续表

环节	教学内容		
制动器铁芯失效分析（9min）	制动器铁芯失效模式： （1）铁芯运动阻力过大，导致制动器无法打开或关闭； （2）铁芯与电磁线圈端盖之间落入粉尘颗粒，导致制动器无法完全打开； （3）制动器的手动松闸装置由于锈蚀、磨损、卡阻导致无法复位。		
	设计目的	教师活动	学生活动
	（1）通过虚拟仿真平台上制动器铁芯的动作原理来帮助学生进行失效模式分析，提高学习效率； （2）便于学生快速掌握制动器铁芯各失效模式，为后续部件拆装和真梯诊断提供有力支撑。	（1）发布制动器铁芯失效模式分析任务； （2）巡回指导，现场答疑； （3）组织各组分享任务成果，并且进行点评和补充。 制动器电磁铁芯实物图	（1）观察虚拟仿真平台上制动器铁芯分别在通断电情况下的动作原理； （2）根据制动器铁芯工作原理，总结其失效模式； （3）两组同学汇报任务成果。 制动器电磁线圈仿真截图

环节	教学内容
制动器标准新知讲解（8min）	GB 7588—2003《电梯制造与安装安全规范》关于电梯制动器机械结构规定： （1）所有参与向制动轮施加制动力的制动器机械部件应分两组装设； （2）如果一组部件不起作用，应仍有足够的制动力使载有额定载荷以额定速度下行的轿厢减速下行。 （3）电磁线圈的铁芯被视为机械部件，而线圈则不是。 标准 GB 7588—2003 截图　制动器在标准 GB 7588—2003 中的知识点截图

续表

环节	教学内容		
	设计目的	教师活动	学生活动
制动器标准新知讲解（8min）	（1）通过案例引入进行制动器相关标准讲解，使学生直观感受单铁芯制动器的危害，增强代入感； （2）通过视频中的权威人员解释，使学生明白标准实施的重要性，增强对标准的认同感，树立制度自信。	（1）播放单铁芯制动器失效事故视频，引入标准对制动器的要求； （2）讲解制动器相关标准知识点。 制动器铁芯失效视频截图	（1）观看单铁芯制动失效视频，知晓单铁芯制动器失效危害； （2）通过教师在虚拟仿真平台操作，聆听、记录制动器相关标准知识点。

环节	教学内容		
检测开关失效分析（9min）	制动器检测开关失效模式： （1）检测开关未检测到制动器打开，引起电梯启动失败； （2）制动器关闭后，检测开关始终处于打开状态，导致下次运行启动时，无法正常检测制动器是否打开； （3）制动器未有效关闭。 三菱制动器检测开关误动作案例图		
	设计目的	教师活动	学生活动
	通过虚拟仿真平台上制动器检测开关的动作原理，帮助学生进行失效模式分析，提高学生学习效率。	（1）引入三菱制动器检测开关经常误动作导致故障的案例； （2）发布制动器检测开关失效模式分析的任务，要求学生对比 GB 7588 新老标准。 （3）组织各组分享任务成果，并且进行点评和补充。	（1）观看三菱制动器检测开关误动作的案例； （2）对比 GB 7588 新老标准，登录虚拟仿真平台，完成制动器检测开关失效模式分析。 （3）两组同学汇报任务成果。
课间休息 5min			

环节	教学内容		
制动衬失效分析（10min）	制动器制动衬失效模式： （1）制动衬过度磨损，达到更换标准； （2）制动衬表面不平整，与制动鼓接触面过小，导致制动能力不足； （3）制动衬安装角度不良，仅制动衬端部与制动鼓接触，导致制动力不稳定； （4）制动衬表面出现油污，导致制动能力不足。 制动衬过度磨损案例图		
	设计目的	教师活动	学生活动
	通过案例引入，使学生对制动器失效造成的危害形成直观反应，增强学生代入感，在老师引导下树立安全职业信念，培养职业自信。	（1）引入制动器制动衬磨损失效的案例视频，指出制动衬失效造成的危害； （2）发布制动衬失效模式分析的任务； （3）巡回指导，现场答疑； （4）组织各组分享任务成果，进行点评和补充。	（1）观看制动器制动衬磨损失效的视频，记录制动衬磨损造成的危害； （2）借助虚拟仿真平台，分组讨论，完成失效模式分析任务； （3）两组同学汇报任务成果。
环节	教学内容		
制动器间隙失效分析（10min）	制动器间隙失效模式： （1）制动器衔铁与电磁线圈端盖之间气隙过大，衔铁启动时电磁力不足，制动器无法打开； （2）制动器衔铁与电磁线圈端盖之间气隙过小，制动器无法完全打开； （3）制动器间隙调整不当，打开时与制动器间隙过大，制动器关闭过程中制动衬的动作行程过长，撞击制动鼓引起异响。 制动器失效检测案例图		

续表

环节	教学内容		
	设计目的	教师活动	学生活动
制动器间隙失效分析（10min）	通过虚拟仿真平台上制动器铁芯的动作原理，帮助学生进行失效模式分析，提高学习效率。	（1）引入制动器间隙失效的视频，指出制动器间隙失效的危害； （2）发布制动器间隙失效模式分析的任务； （3）巡回指导，现场答疑； （4）组织各组分享任务成果，并且进行点评和补充。	（1）观看制动器间隙失效的视频，记录制动间隙失效造成的危害； （2）观察虚拟仿真平台上制动器分别在通断电情况下的间隙变化； （3）分组讨论，完成失效模式分析任务； （4）两组同学汇报任务成果。

环节	教学内容		
制动器失效仿真检测（12min）	（1）制动器失效检测前的安全操作规范：控制电梯上行释放机械能，断电锁闭，对电气元件进行零能量验证，手动盘车验证机械能释放完毕； （2）根据制动器铁芯、制动器检测开关、制动衬和制动间隙的失效模式，仿真检测电梯制动器。 制动器间隙检测仿真操作截图		
	设计目的	教师活动	学生活动
	（1）通过虚拟仿真平台进行制动器失效检测，为后续部件拆装检测和真梯诊断调整的任务实施奠定基础； （2）通过学生操作练习，使学生初步具备制动器失效的检测能力，养成安全规范操作意识和技能，固化安全习惯。	（1）发布制动器失效的虚拟仿真检测任务； （2）巡回指导，纠正制动器仿真检测过程中出现的问题并加以记录； （3）对学生提出的问题集中讲解，解决制动器失效判定、规范操作等常见错误。	（1）登录虚拟仿真平台，按照操作安全规范，完成制动器失效检测任务； （2）改正老师提出的错误操作； （3）对于还未掌握的知识点和技能要求及时向老师提问。

环节	设计目的	教师活动	学生活动
课堂测试（5min）	通过课堂测试检验学生学习效果。	（1）发布关于制动器失效分析的课堂测试； （2）讲解测试结果中出现的难题。	（1）完成关于制动器失效分析的课堂测试； （2）聆听老师对于难题的讲解，做好笔记。

续表

环节	设计目的	教师活动	学生活动
课堂小结（3min）	回顾曳引系统部件失效分析的常见类型和原因以及分析方法，巩固知识和技能。	引导学生回顾本次课的学习内容（驱动主机、钢丝绳和制动器的不同失效类型及对应的失效模式）以及目标达成情况。 曳引系统部件失效思维导图	与老师一起回顾本次课的学习内容并自查目标达成情况。

3.3 课后拓展

环节	设计目的	教师活动	学生活动
课后拓展	进一步巩固课堂所学的曳引系统部件失效分析相关知识和技能，为后续检测调整夯实基础。	（1）提供曳引系统部件综合失效案例资料； （2）布置课后任务，并要求学生完成综合分析报告； （3）发布课后测试； （4）与学生互动交流。 曳引系统部件失效实物图	（1）认真根据老师所给材料分析失效原因，根据需要自行查阅补充资料； （2）完成综合分析报告； （3）完成测试； （4）与老师交流沟通。 曳引系统失效分析报告封面

教学效果
课前测试通过率达到90%，其中80%学生得分在60～80分之间。经过平台统计，曳引系统驱动主机失效的视频有50%的学生看了2遍，体现了学生认真预习的学习态度。 课中的每次测试，所有学生均能够在5分钟内完成，通过率为100%，其中40%的学生成绩良好以上，10%的学生取得了优秀。课堂学习效果较好，特别是制动器失效分析的课堂测试，正确率与高分率较课前测试相比有明显提升。 本次任务的虚拟仿真环节，在驱动主机的仿真检测中，近30%的学生操作时未能按照安全规范进行；但后续两次仿真练习中，近95%的学生能够严格按照规范流程完成操作，进步效果明显，安全意识提升明显，实现了学生认知体系的自我纠偏。 课后，学生讨论后分组提交了曳引系统失效案例的综合分析报告，经过师生互动，均顺利完成，能够比较灵活地运用标准规范。课后测试，学生通过率达100%。

续表

教学反思
基于自主开发的优势，虚拟仿真平台能100%还原若干主流型号的电梯，学生学习热情高。但制动器失效仿真检测中的画面调整不够灵活，部件指向性不够精确，而且曳引系统失效的资源不够丰富，平台可以进一步改进。 　　通过企业虚拟仿真平台，各组学生通过分工合作基本能够自主完成曳引系统失效分析的学习任务；但学生之间的能力差异较大，在制动器失效分析的任务中尤为明显，个别学生需要老师不断讲解、引导才能理解，对于 GB 7588—2003（含一号修改单）标准中制动器部分的深入学习还需加强。

第七章　辐射带动　行校企主动服务社会

社会服务是高等院校的三大职能之一，但高职院校社会服务普遍存在着服务能力不足、师资队伍不足、投入资源缺乏等问题，导致社会服务能力不强。职业教育的社会服务职能是要在教学和科研中具有前瞻性和先进性，不仅要承担起"培养明天的人才，为未来服务"的重任，还要研究新技术、开发新课程、传播新技能，为社会、企业提供广泛、及时、实用、超前的服务。而这种服务是建立在与企业、产业、社会保持良好融洽共赢关系的基础上的。

因此，杭州职业技术学院特种设备学院在行校企育人共同体的基础上，充分整合行业企业与学校资源，确立社会服务职能，创新社会服务工作机制，提升社会服务能力，携手行业企业主动服务社会。

第一节　发挥行校企融合优势 提升社会服务能力

《高等教育法》第31条明确规定，大学具有教学、科学研究和为社会服务的功能。美国威斯康星大学校长范·海斯指出，社会服务、人才培养和科学研究是高等院校的三大职能。正所谓"人才培养是立校之本，科学研究是强校之路，社会服务是兴校之策"。[1] 近年来，我国高等职业教育迅猛发展，社会服务也已经成为高职教育发展新的增长点。它既符合高职教育服务于经济社会发展的需要，也激发了高职院校自身发展的内在动力。

一、清晰社会服务职能内涵，有针对性地实施社会服务

杭职院特种设备学院明晰社会服务职能内涵，将社会服务作为学院发展的重要内容。充分发挥行校企共同体优势，紧贴市场需求开展技能培训，提升行业技能水平。面向城市公共安全，开展安全教育，普及安全知识，提高公众防范风险意识和应急处置能力。服务国家战略，扩大精准扶贫电梯人才培养联盟范围，完善扶贫资金等资源集聚机制，明确了以技术培训、电梯安全科普、精准扶贫三大职能为核心的社会服务路径，如图7-1所示。

---

[1] 祖天明. 提升高职院校社会服务能力的途径研究 [J]. 中国市场，2011，(27)：185-186.

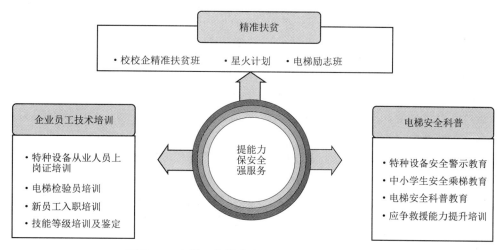

图 7-1 电梯工程技术专业群社会服务建设示意

（一）立足技能培训，促进行业从业人员技能提升

利用电梯行业培训资源的集聚优势，开发涵盖学习、练习、考试三个环节的电梯培训信息化平台，把培训中心打造成为国内外知名的电梯技能培训平台，涵盖职工培训、国内特种设备作业人员考试、电梯企业的入职岗前和在职技能提升培训及全国电梯检验员培训和检验师能力提升等项目。

（二）面向城市公共安全，推进公益电梯安全教育

依托特种设备学院海宁尖山校区（全国首家特种设备安全科普教育基地），面向大中小学生、政府公务人员、企业高管和党校学员，运用新媒体、大数据和人机互动技术，开展特种设备安全警示教育、特种设备专业知识普及等科普教育活动；通过体验 VR 仿真电梯下坠、扶梯逆转、应急救援等项目，提高公众防范风险意识和应急处置能力。积极推进"电梯安全进校园""电梯安全进社区"等公益活动，提高公众电梯使用安全意识。

（三）服务国家战略，打造精准扶贫"星火计划"品牌项目

依托电梯人才培养教育资源优势，扩大精准扶贫电梯人才培养联盟范围，集聚扶贫资源，服务国家战略。继续在全国范围内开展"星火计划""校校企精准扶贫班""电梯励志班"等多种形式精准扶贫项目。深化与黔东南民族职院、兰州职院、新疆轻工职院、漯河职院等西部院校建立的对口支援关系，建立旨在服务深度贫困地区学生技能脱贫的"校校企"培训平台，学生毕业后到国内十大电梯企业就业。同时，与各地扶贫帮扶机构开展合作，接收当地贫困学生，培养学生电梯职业技能，并在完成培训后帮助其就职于电梯企业，实现精准扶贫。

二、构建"四平台—基地—联盟"，打造社会服务平台

聚焦技术培训、电梯安全科普、精准扶贫三大核心职能，构建"四中心—基地—联

盟",聚集行校企以及其他社会资源,为不断扩大社会服务效应提供平台。

(一) 打造四大育训结合平台,开展技术技能培训

依托行校企共同体,建立了包括电梯技能等级证、电梯检验员证、电梯管理员证、电梯上岗证的四证教育培训平台,使之成为全球6大电梯企业浙江区域员工的入职培训中心和在职员工能力再提升基地,浙江省唯一的电梯从业资格上岗证考试平台,全国仅有的两家国家电梯检验员考试基地之一以及国家机械工业职业技能鉴定指导中心在浙江唯一的电梯维修工鉴定平台,成为集电梯教学、培训、技能鉴定、技术服务等功能于一体的专业化省级示范性实训基地。电梯实训基地由校企双方身份互认的企业技术能手担任实训基地的指导教师,构建集职业技能训练、技能鉴定、学生专业岗位实训为一体的训练基地,为技术技能培训与鉴定提供有力平台。生产性实训基地培养四大平台如图7-2所示。

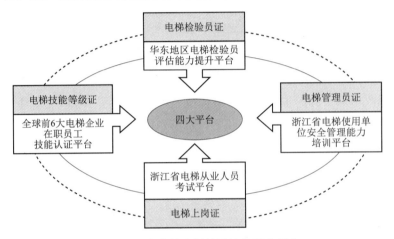

图7-2 生产性实训基地培养四大平台

(二) 共建特种设备安全科普教育基地,开展电梯安全教育

2017年,省特科院投资3000余万元建成全国市场监管系统唯一的全国法治宣传教育基地、全国首家特种设备安全科普教育基地,委托杭职院管理共建,该基地也成为特种设备学院海宁尖山校区。基地建筑面积达3 200平方米。配置全息投影、VR体验、场景模拟、微缩模型等展品42件,普法科普展板300多米,配备5D事故警示教育影院,运用新媒体和声光电一体技术,系统展示特种设备法律法规、安全状况、典型案例、警示教育、安全常识等内容。

(三) 组建精准扶贫校校企联盟,助力脱贫攻坚

在前期校校企精准扶贫模式成功的基础上,深化与黔东南民族职院、兰州职院、新疆轻工职院、漯河职院等西部院校,与西奥电梯、奥的斯等企业的合作,建成精准扶贫校校企联盟,旨在打造电梯技术技能人才培养精准扶贫的交流平台、合作平台,凝聚各方面力量,采取"造血式"扶贫方式,帮扶更多贫困人口脱贫致富,为打赢脱贫攻坚战做出应有的贡献。

三、创造良好的保障条件，提高教职工参与社会服务的驱动力

（一）试点创新"优绩优酬"考核分配，激活教师社会服务动力

为激励教师参与技术研发、社会服务，杭州职业学院在学校层面即创新"优绩优酬"考核分配试点。特种设备学院作为行校企共同体的典型，成为学校首批试点分院。组建了应用技术协同创新中心创新团队、教学创新团队、社会服务团队等团队，绩效奖励与团队业绩挂钩，团队负责人在用人和分配上拥有更大的自主权，鼓励团队通过社会培训等取得收入，按一定比例纳入内部绩效工资，实行自主分配。

（二）构建"三共"机制，打造高水平双师队伍

构建行校企师资队伍"共建、共培、共管"机制，统筹校企双方人力资源培养、管理、考核、评价等工作。发挥浙江省特种设备科学研究院、奥的斯全球培训中心和杭州容安特种设备职业技能培训有限公司一线技师常驻学校的优势，制定"教师下企业，技师进课堂"规划。实施教师企业、行业经历工程，制定专业教师下企业激励制度，落实5年一周期的全员下企业锻炼6个月制度，做到"一师一岗"（每位教师联系对接一个企业典型岗位）、"一师多案"（每位教师承担多项企业生产实践项目与技术攻关）；建立《科技成果转化管理办法》《教师提供社会服务与融入行业激励办法》《科研创新团队建设与管理办法》等制度，对承担社会服务任务的教师给予奖励与政策支持。

第二节　行校企协同服务 保障城市公共安全

一、案例背景

在现代经济和社会活动中，电梯已经成为城市物质文明的一种标志。电梯安全使用与百姓幸福生活息息相关，但近年来电梯事故频发，引发社会高度关注。基于此，国务院出台《关于加强电梯质量安全工作的意见》中明确指出："强化维保人员职业教育，推进电梯企业开展维保人员培训考核，提高维保人员专业素质和技术能力。"从全国的情况来看，有70%左右的电梯事故是因人们的不文明乘梯造成的。《中华人民共和国特种设备安全法》规定："加强特种设备安全宣传教育，普及特种设备安全知识，增强社会公众的特种设备安全意识。"现阶段迫切需要提高公众的电梯使用安全意识，并积极开展电梯警示教育等科普教育活动，广泛普及安全乘梯知识，推进"电梯安全进校园""电梯安全进社区"等公益活动，可大大降低电梯的事故率。

二、主要目标

依托电梯行业培训资源集聚优势，开展电梯检验员、检验师、特种设备等各类作业人员技术技能培训，填补电梯专业技能人才不足的缺口，开展中职电梯工程技术专业教师的技能提升培训，确保中职教师的技能技术与行业要求无缝接轨，完善全国电梯检验员能力提升平

台、企业新员工能力提升平台、特种设备从业人员上岗证认证平台，推动全方位、快速提升电梯行业从业人员技能技术水平的建设步伐。针对公共乘梯安全，构建电梯安全教育公益平台，普及安全乘梯规范，提高公众电梯使用安全意识。

三、实施措施

（一）行校企深度融合，提升优势资源聚合力

整合杭职院、省特科院、电梯企业三方资源，建成国内首屈一指的电梯人才培养基地。省特科院投入600多万元改造校内教学场所，并将海宁尖山校区（2.6亿元，占地75亩）委托学校统一管理，浙江省唯一特种特备上岗证办证机构整体迁入学校。企业投入1400多万元建成拥有28部竖梯、6部扶梯的电梯培训中心（全国规模和质量第一）。全球电梯龙头企业奥的斯电梯华东培训基地落户学校。

（二）机制创新，深化体制机制改革

1. 建立专业群共建共享机制，行校企优质资源有机融合

建成电梯专业群行校企三方共建共享机制，推动专业群协同建设单位为专业群建设提供优质资源。学校方面，将电梯工程技术专业群建设资金优先列入学校年度经费预算，专业群所在二级学院年度预算基础系数连续四年高于全校平均值；行业方面，浙江省特种设备科学研究院（以下简称省特科院）培训中心整体迁入学校，向社会开展技术技能培训服务，培训收入创新高；企业方面，奥的斯机电、西子航空、西奥电梯等企业每年投入更新教学设备，开设企业定向班，持续为企业输送高质量技术技能人才。

2. 建立三方协同管理机制，强化专业群组织保障

建成特种设备学院理事会管理机制，实行理事会领导下的院长负责制。由省特科院中层担任院长，学校中层担任执行院长，企业人员担任副院长，日常运行由院长办公会决定，重大事项由理事会商议决定。建成特种设备学院校企工作委员会，人才培养与电梯行业发展和产业技术进步同步优化，动态调整专业群人才培养定位；调整专业群专业，增加机械设计与制造、工业机器人技术专业。

3. 建立资源反哺机制，实现专业群可持续发展

以学校人才培养、社会公益为主导，以企业技能培训和技术研发为主体，建立"开放共享、循环运行"的资源反哺机制，实现专业群可持续发展。依托电梯协会与电梯人才培养联盟，发挥学校在国内电梯人才培养领域的高地作用，吸引社会机构和企业投身电梯职业教育。加大社会培训服务能力，提高社会培训服务收入，反哺专业建设，构建专业群发展新生态，实现资源与市场的同步更新。

（三）整合资源，打造协同服务平台

1. 聚焦产业升级与公共安全，创建两大中心

聚焦电梯公共安全需求，与杭州市特种设备应急处置中心（96333）共同建成杭州电梯大数据中心，共享电梯故障案例数据，向政府监管部门提供决策咨询。聚焦电梯产业升级需求，建成浙江省电梯评估与改造应用技术协同创新中心，成功中标百万级的政府电梯安全隐

患排查工程。开展电梯无载荷平衡系数测试、AI 扶梯安全监控等电梯评估与改造技术及产业化研究，发表论文 23 篇，完成相关市厅级以上课题 9 项，授权专利、专著 100 项，其中发明专利 5 项，横向技术服务到款 309.3 万元。此外，依托国家电梯产品质量监督检验中心（浙江），为电梯安全与节能减排提供检验检测和技术咨询，服务电梯企业新产品开发，参与行业标准修订，主持或参与完成修订标准 4 项。

2. 聚焦社会服务，创新科普教育新模式

依托杭州职业技术学院海宁校区全国首家特种设备安全科普教育基地，面向大中小学生、政府公务人员、企业高管和党校学员，运用新媒体、大数据和人机互动技术，通过体验VR 仿真电梯下坠、扶梯逆转、应急救援等项目，开展特种设备安全警示教育、特种设备专业知识普及等科普教育活动，并举行"电梯安全进校园""电梯安全进社区"等公益活动 20 场以上，提高了公众防范风险意识和应急处置能力。

（四）育训结合，拓宽社会服务领域

年培训 5 000 多人次，培训收入 1 200 多万元，成为浙江省电梯领域重要的技术方案输出地，中标杭州市政府电梯评估服务项目、承接杭州运行速度最快的欧美金融城（EFC）电梯技术服务项目、滨江区住宅电梯维保技术服务等多个项目。多次为全国首个电梯应急处置中心（杭州市特种设备应急处置中心）提供数据分析和决策支持。多次承办国家、省、市各级电梯维修工职业技能大赛。

四、成果成效

（一）立足技能培训，促进行业从业人员技能提升

利用电梯行业培训资源的集聚优势，开发涵盖学习、练习、考试三个环节的电梯培训信息化平台，把培训中心打造成为国内外知名的电梯技能培训平台，涵盖职工培训、国内特种设备作业人员考试、电梯企业的入职岗前和在职技能提升培训及全国电梯检验员培训和检验师能力提升等项目。联合开展各类培训及鉴定 16 万人次，培训收入达 1 亿元。

（二）面向城市公共安全，构建电梯安全教育公益平台

依托特种设备学院海宁尖山校区（全国首家特种设备安全科普教育基地），面向大中小学生、政府公务人员、企业高管和党校学员，运用新媒体、大数据和人机互动技术，开展特种设备安全警示教育、特种设备专业知识普及等科普教育活动；通过体验 VR 仿真电梯下坠、扶梯逆转、应急救援等项目，提高公众防范风险意识和应急处置能力。积极推进"电梯安全进校园""电梯安全进社区"等公益活动，提高公众电梯使用安全意识。

（三）贯彻科技决策，促进科研创新成果转化

秉持"引领创新、支撑发展、科教融合、开放协同、追求卓越"的发展理念，深入实施创新驱动发展，凝心聚力，真抓实干，全力提升科研创新能力，促进科技成果转换。近两年科研和技术服务到款额将近 2 000 万元，其中成果转化额近 1 000 万元。

五、保障措施

（一）基础条件保障

1. 体制保障

杭职特种设备学院为以群建院，由杭州职业技术学院和浙江省特种设备检验研究院及相关企业以协议共建的形式成立，明确了各方的责权利，为专业群的良性运行提供了坚实的体制基础。

2. 资金保障

政府、学校及企业各投 200 万元，共计 600 万元，用于协同创新中心设备采购、场地改造、人才培养以及团队建设。

3. 场地保障

杭职特种设备学院共有下沙和海宁尖山两个校区，均可用于该中心的基地。

4. 设备保障

杭职院校内建有投资 3 亿元的杭州市公共实训基地，其中 11 个实训室共计 3 900 万设备与电梯相关，杭职特种设备学院下沙校区电梯实训基地 1 500 平方米，28 个竖梯井道（3 层），6 个扶梯井道运用于教学和科研；海宁尖山校区有多套电梯检测专用设备与设施，还有国家电梯检验中心（浙江）。

（二）人才保障

1. 完善专家队伍

建立专家库，以省特科院总工程师为领衔专家，构建技能技术强、行业资质深的专家队伍。目前在库专家 25 人。专家库实现动态优化制度。同时，根据项目情况，组建顾问团队，对社会服务项目的开展进行技术指导。

2. 增强师资队伍

现有人员 65 人（其中常驻外聘人员 17 人）。在此基础上，实行柔性的人才引进机制，对高端、紧缺人才实行柔性引进措施，每年引进博士或高工 2 人。

（三）政策保障

1. 组织政策

专业群依托协同中心成立由核心单位和协作单位共同组成的"专业群社会服务建设领导小组"（下设"建设项目办公室"），并结合社会服务项目建设实际需要，组建相关工作小组，构建电梯工程技术专业群创新服务中心建设项目的组织体系，保障社会服务顺利开展。

2. 人事政策

学校制定《专业群岗位设置及人员聘任与管理办法》，设置专门岗位编制，给予专业群相对独立的人事自主权，对专业群的人才引进、人才共享和管理制度进行一事一议。

3. 财务政策

制定《双高专业群专项资金使用管理办法》等制度，对省级专项资金的使用和管理做到专款专用，严格按照建设要求和建设项目的预算内容，合理有效使用资金，加强对各建设项目的科学论证，严格项目审批，明确资金使用范围、审批权限，加强预决算管理等。

第三节 创新精准扶贫"杭职模式"锻造职教助力脱贫攻坚先锋

一、案例背景

贫困问题，是中国全面建成小康社会的"拦路虎"。2013年11月，习近平到湖南湘西考察时首次提出了"精准扶贫"的重要思想。2014年1月，中共中央办公厅详细规制了精准扶贫工作模式的顶层设计，推动了"精准扶贫"思想落地。习近平十分关心扶贫开发工作，他走遍了中国绝大多数贫困地区，提出了"扶贫先扶志""扶贫必扶智""精准扶贫"等扶贫方略。他指出，2020年让全国人民一个不落都过上小康生活。摆脱贫困需要智慧，培养智慧教育是根本，教育是拔穷根、阻止贫困代际传递的重要途径。习近平指出："扶贫必扶智、阻止贫困代际传递。""扶贫必扶智：让贫困地区的孩子们接受良好教育，是扶贫开发的重要任务，也是阻断贫困代际传递的重要途径。"职业教育肩负着培养多样化人才、传承技术技能、促进就业创业的重要职责，是实现精准脱贫、提升人生价值、摆脱代际贫困的有效方式，在精准扶贫中应有更大作为。

二、主要目标

杭州职业技术学院坚持以习近平总书记"精准扶贫、精准脱贫"战略思想为引领，践行"治贫先治愚、扶贫先扶智"扶贫理念，着力整合政府、行业、企业、职业院校优质资源，创新职业教育多元协同参与的精准扶贫模式，通过联合杭州市中华职教社，依托电梯工程技术专业，采用"免费培养、定向就业、精准扶贫"模式，实施温暖工程"星火计划"，开设"励志班""宏志班"，帮扶贵州、甘肃、云南等中西部省份贫困地区职业院校的学生开展电梯维修技能培训，旨在通过帮助寒门学子切断贫困代际传播，促进学生就业创业，提升学生人生价值，实现"职教一人、脱贫一家"的精准扶贫目标，探索构建精准扶贫的"杭职模式"，为职业教育助力国家扶贫工作提供"杭职经验"。

三、实施举措

（一）依托"一个"专业，构建"一体两翼"精准扶贫职教方案

把握东西部扶贫协作的有利契机，依托高水平电梯工程技术专业建设，借力杭职院跨界融合的资源优势，形成了"一体两翼"的精准扶贫工作思路，即以职教精准扶贫为"主体"，以定点扶贫和继教扶贫为"两翼"，全面推进精准扶贫。一是坚定落实"精准扶贫、精准脱贫"的扶贫理念，对口支援中西部高职院校，精准选拔符合扶贫政策的学生，联合全球前十电梯企业开展定向培养，实现电梯产业发展和贫困学生就业的精准对接。二是围绕教育部、省市战略部署，结对河北威县（教育部定点帮扶县）、丽水缙云县（浙江省内贫困地区）、湖北恩施（杭州对口帮扶对象）等地区中高职院校，开展人才培养目标、专业设置、课程体系、教学内容、师资队伍建设等方面对口帮扶，以专业示范辐射带动相对贫困地

区职业教育发展。三是依托技术技能人才培养优势，选拔品学兼优、家庭困难且有志于从事电梯安装维修职业的学员，设立"励志班"，免费为学生进行理论教学、专业实训和顶岗实习指导，以技能扶贫助力脱贫攻坚。精准扶贫"一体两翼"战略如图 7-3 所示。

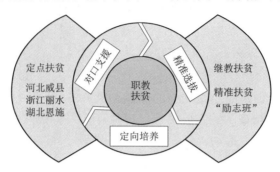

图 7-3　精准扶贫"一体两翼"战略

（二）整合"四方"资源，搭建"校校企"精准扶贫职教联盟

在资源整合上，依托"校企共同体"办学体制机制优势，整合政府、行业、企业、职业院校四方资源，形成资源集聚优势。在目标定位上，通过实施定向培养，学生毕业后全部进入杭州西奥、奥的斯、通力电梯等国内前十大电梯企业生源所在地分公司工作，也可根据意愿选择所在省份的其他城市工作，实现了"职教一人、脱贫一家"的目标。在路径选择上，发挥政、行、企、校多方资源集聚优势，结对贫困地区职业学校，推动优质职业教育资源共享，促进区域职业教育协调发展。实施温暖工程"星火计划"等，面向贫困地区贫苦学生开展电梯培训。在帮扶模式上，采用"免费培养、定向就业"模式进行免费定向精准培养，学生与企业确定订单培养意向，并和学校、企业以及学生所在学校签订四方协议，确定各方责权利关系，建立政行校企"多方联动、协同发展"的工作机制。精准扶贫职教联盟运行机制如图 7-4 所示。

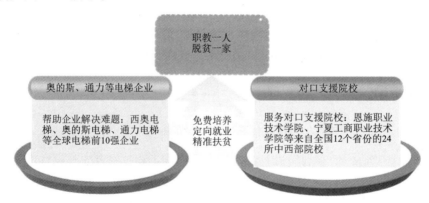

图 7-4　精准扶贫职教联盟运行机制

（三）做实"三大"项目，擦亮"扶智造血"精准扶贫职教品牌

1. 定向培养，做实职教扶贫项目

与来自全国 12 个省份的 24 所中西部院校包括恩施职业技术学院、宁夏工商职业技术学

院、兰州职业技术学院、河南漯河职业技术学院等建立对口支援关系，充分利用自身技术技能人才培养优势，搭建定向培养精准扶贫平台，在对口支援院校选择贫困学生（选拔对象为大三机电类学生，由所在院校或当地政府扶贫办推荐）。学生在杭职院学习2个月后，到杭州西奥、奥的斯、通力等电梯企业进行为期3个月的实习，学习电梯安装、维修与保养技术。学生毕业后全部进入杭州西奥、奥的斯、通力电梯等国内前十大电梯企业生源所在地分公司工作，也可根据意愿选择所在省份的其他城市工作，综合起薪超过4 000元/月，并按照工作绩效逐年上浮，实现了"培养一个学生，脱贫一个家庭"的目标。

2. 积极对接，做实定点扶贫项目

一是积极对接教育部定点帮扶县——河北威县，联合杭州西奥电梯有限公司、河北机电职业技术学院，与威县职教中心签订四方协议，建立四方协同联动机制。选派专业人员对接威县职业教育中心，从人才培养目标、专业设置、课程体系、教学内容、师资队伍建设等方面对口帮扶，捐赠设备帮助威县建设电梯实训基地，改善实训条件，搭起学生成长发展的"立交桥"。二是积极响应浙江省关于"山海协作工程"总体部署，结对淳安县、缙云县等省内贫困地区中职学校，实施中高职衔接对口帮扶，开展技术技能培训、科技服务、职业教育共建等项目，促进优质职业教育资源共享，助力区域职业教育协调发展。三是主动参与教育部"全国高校与湖北高校毕业生就业创业工作'一帮一'行动"，并作为首批确定开展帮扶行动的48所高校之一，与湖北恩施职业技术学院（以下简称恩施职院）建立就业对口帮扶关系。针对此次疫情冲击背景下的就业困难，迅速制订了对口帮扶工作方案，迅速整合了"企业人才需求库"，迅速启动了面向恩施职院毕业生专场招聘会，真正"把恩施职院的毕业生当成杭职院自己的毕业生"。

3. 积极开拓，做实继教扶贫项目

一是结对丽水市，精准实施电梯人才培训。从丽水市职业高级中学、丽水市技工学校、遂昌县职业中等专业学校等学校选拔品学兼优、家庭困难且有志于从事电梯安装维修职业的学员，设立"励志班"。杭职院为"励志班"学生定制培训课程，选派优秀培训教师，免费为学生进行为期3个月的理论教学、专业实训和顶岗实习指导。二是联合中华职教社，精心组织温暖工程"星火计划"项目。学院来自黔东南、四川、云南等省低收入家庭，由中华职教社在当地机构负责遴选（通过自主报名、各县选拔、集中面试的方式）。为了更好地解决贫困学员的后顾之忧，政企校三方承担了学生来杭期间学习的所有费用，学生不需要支付任何费用。

四、成果成效

（一）整合了多方优势资源，精准扶贫机制优越

依托"校企共同体"办学优势，精准对接行业和社会需求，构建了政行校企多元化参与主体，打破"援助是主力，维持靠政府"的路径依赖，形成了"多方联动、协同发展"的工作机制，搭建了职业教育公共平台，建立完善机制，充分整合多方优质资源，激发了各主体参与教育扶贫的积极性。例如，电梯安装与维修技能的培训费用支出较大，按照测算，每个学生在校期间的各项费用累计为1万元左右。按照"谁受益，谁出资"的原则，由用工企业承担80%的费用，学校和省特检院各承担10%的费用。近年来，累计撬动各级扶贫办、教育部门和社会组织投入资金406万，先后为200多名西部贫困学生开展电梯维修技能

培训，助力 200 个贫困家庭实现脱贫。

（二）制度保障先行，多方共享扶贫教育成果

通过《校校企合作项目管理办法》等制度，贫困地区学生以杭州地区的薪酬标准到生源所在地就业，实现了"培养一个学生，脱贫一个家庭"的目标。对中西部院校及省内发展较为缓慢地区的学校而言，通过和发达地区院校对接，促进了相关专业的建设，完善了课程体系，提高了课程标准。对电梯企业而言，一方面，缩短了全国范围内的招工时间，降低招工成本的同时提高了招工的质量；另一方面，学生在电梯培训中心学习期间就取得了电梯从业人员上岗证和电梯安装与维修等级证书，降低了企业的用工成本，提高了员工队伍的质量；更重要的是，通过该项目的合作，电梯企业实现了"属地维保工人配套电梯销售"的模式，大大提高了企业产品的竞争力和队伍的稳定性。

（三）创新了精准扶贫模式，获评全国职业院校决胜脱贫攻坚"先进集体"

创新采用"免费培养、定向就业、精准扶贫"模式，树立"内生为主，双赢合作"的协调发展理念，实施了"一体两翼"精准扶贫战略，构建了跨区域高职院校协同发展联盟、区域中高职学校间的紧密型共同体，彰显了职业院校跨界融合的特色，具有较强的示范辐射作用和良好的推广应用价值。浙江卫视"新闻联播"专题对学校"励志班"精准扶贫新模式进行了深度报道。2020 年 4 月，中央电视台新闻频道（CCTV-13）对杭职院"一帮一"结对恩施职业技术学院的具体做法给予了充分肯定。学校《"培养一个学生、脱贫一个家庭"——杭州职业技术学院精准扶贫工作》入选教育部《高校定点扶贫典型案例集》，定点精准扶贫模式得到了国务院扶贫办的充分认可，并获时任省长车俊批示肯定。2020 年 11 月，中华职业教育社温暖工程实施二十五周年总结表彰大会上，学校荣获"温暖工程优秀组织管理奖"，如图 7-5 所示；12 月 5 日，全国职业院校决胜脱贫攻坚经验交流会上，学校获评全国职业院校决胜脱贫攻坚"先进集体"称号，如图 7-6 所示。

图 7-5 获中华职业教育社"温暖工程优秀组织管理奖"

图 7-6 获全国职业院校决胜脱贫攻坚"先进集体"

五、条件保障

（一）组织保障

成立了校校企精准扶贫工程领导小组，组长由校长担任，副组长由学校副校长、省特检

院以及各大电梯公司主管人力资源的副总经理担任。领导小组每年召开两次会议,主要对电梯安装维修人才培养进行年度规划,处理项目推进过程中出现的重大问题,协调落实培养经费等重大事项。领导小组下设办公室,负责校校企精准扶贫项目的具体实施。杭职院特种设备学院院长担任办公室主任,省特科院培训中心主任担任副主任,各大电梯公司人力资源部部长为主要成员。

(二) 制度保障

通过《校校企合作项目管理办法》等制度,对学生实训保险、学分校级互认做出了具体规定。通过签订电梯安装维修人才培养四方协议,明确了学生的电梯技能培养内容和技能证书的获取等级。同时,对学生就业安排进行了明确规定,如第一期"校校企精准扶贫班"协议中明确规定"学生毕业后,将安排至各大型电梯企业工作,综合起薪 4 000 元/月"。

(三) 经费保障

电梯安装与维修技能的培训费用支出较大,按照测算,每个学生在校期间的各项费用累计为 1 万元左右。按照"谁受益,谁出资"的原则,由用工企业承担 80% 的费用,学校和省特检院各承担 10% 的费用(注:在"浙江省丽水市电梯安装维修作业人员定向培养精准扶贫项目"中,丽水市扶贫办承担费用为 4 000 元/人)。

六、经验与成效

(一) 创建了精准扶贫模式

创新采用"免费培养、定向就业、精准扶贫"模式,树立"内生为主,双赢合作"的协调发展理念,实施了"一体两翼"精准扶贫战略,构建了跨区域高职院校协同发展联盟、区域中高职学校间的紧密型共同体,彰显了职业院校跨界融合的特色,具有较强的示范辐射作用和良好的推广应用价值。

(二) 整合了多方优势资源

依托"校企共同体"办学优势,精准对接行业和社会需求,构建了政行校企多元化参与主体,打破"援助是主力,维持靠政府"的路径依赖,形成了"多方联动、协同发展"的工作机制,搭建了职业教育公共平台,建立完善机制,充分整合多方优质资源,激发了各主体参与教育扶贫的积极性。

(三) 共享了扶贫教育成果

实现了"培养一个学生,脱贫一个家庭""属地维保工人配套电梯销售""协同推进专业建设""发挥示范引领作用""服务产业发展"等多维目标,参与方共赢共生,项目具有非常强的可持续发展能力。

第八章　三全育人　行校企共推文化育人

中共中央、国务院《关于加强和改进新形势下高校思想政治工作的意见》提出，要坚持全员全过程全方位育人，高校要把立德树人作为根本任务，融入思想道德教育、文化知识教育、社会实践教育各环节，把思想政治工作贯穿教育教学全过程。以知促行，切实增强做好"三全育人"综合改革试点工作的政治自觉、思想自觉和行动自觉。"三全育人"综合改革是对当下育人项目、载体、资源的整合，更是对长远育人格局、体系、标准的重新建构，构建一体化育人体系，为办好中国特色社会主义大学、培养德智体美劳全面发展的社会主义建设者和接班人贡献力量。本章以杭州职业技术学院特种设备学院为案例，分析行校企共推文化育人运行机制以及实践探索。

第一节　行校企共推文化育人运行机制构建

文化育人的本质就在于以人类文化的正向价值为导引，教化人走向道德、理性、真善美，从而实现立德树人的目标追求。学校文化具有导向功能、凝聚功能、规范功能；学校文化的核心是学校各群体所具有的思想观念和行为方式；文化育人于无形，立德树人于点滴。建设一种文化是一个长期的过程，更是一个充满魅力和挑战的过程，一个叩问反思、寻根溯源的过程。① 高职院校学生的职业素养依靠传统的以学校、以书本、以课题、以教师为中心的人才培养模式是难以达成的，必须实施校企合作、工学结合、校企共同育人，大量融入企业文化元素，行企校合作实现文化互相渗透和融合。② 杭州职业技术学院特种设备学院积极推进"三全育人"综合改革工作，行校企共推文化育人，构建起了行校企文化育人新模式。

一、统筹推进，完善行校企文化育人制度建设

制定符合学院实际的工作方案，完善党政联席会议制度，定期研究部署"三全育人"工作，并纳入学院发展规划和人才培养方案，出台《杭州职业技术学院全面深化"三全育

---

① 钱建国. 文化育人的内涵、价值及策略［J］. 江苏教育，2018（15）.
② 王殿安. 校企融合文化育人研究［J］. 机械职业教育，2013.

人"综合改革实施方案》。

二、加强领导，健全行校企文化育人机制

（一）建立教案评价制度

将思想政治教育元素纳入专业课堂教学，把课程育人作为教学督导和教师绩效考核的重要方面，严把教师教学关，加强课程思政体系建设，发挥专业课教师课程育人主体作用，建设省级课程思政项目、校级课程思政示范课，打造思政课 VR 实践教学基地。

（二）建立网络教育机制

严格落实内容审核制，专人负责本学院网站、微信公众号等网络平台的日常管理和运营维护，对发布的内容实施全面审核，引导师生增强网络安全意识，遵守网络行为规范，积极开展网络思政专题研讨和网络文化建设活动，提高师生网络素养，创新网络育人新渠道，积极建设高质量慕课，推动思想政治工作同新媒体的高度融合，结合专业特点和学院文化特色，探索学院的网络新媒体和平台建设，打造有亮点的网络教育平台，建立院级师生网络信息员队伍。

（三）建立"社会实践＋专业实践"育人机制

积极探索产教融合、校地合作等新模式，深化"实践育人＋创新创业"育人模式改革，加强学生创新创业教育，积极引导学生参加挑战杯、互联网＋、职业规划大赛等赛事，创新"校园管理＋劳动服务"的劳动实践教育，探索劳动教育进教材、进课堂新形式，将劳动教育融入学生培养工作的全过程，开设符合学生专业特点的劳动实践岗位。

（四）建立心理健康教育机制

将心理健康教育纳入人才培养方案、思想政治工作体系和督导评估指标体系，每学期专题研究本学院的学生心理健康教育工作，每学期开展学生心理健康评估调研工作，建立学院心理辅导中心，开展特色化心理咨询服务方式，办好"5.25"心理健康节，定期开展心理健康教育主题活动，积极建设心理健康精品课程，健全预警防控体系，建立并完善学院、班级、宿舍"三级"预警防控体系，增强专业教师、辅导员、班主任的育人育心合力，制定本学院的心理危机干预预案。

（五）建立科研育人导向机制

把正确的政治方向、价值取向、学术导向体现到科学研究全过程各环节中，建立科教协同育人机制，引导学生积极参与科技研发和技术服务活动，提高学生创新素质和思想道德素质，加强创新平台与团队的建设，把思想政治表现作为组建科研团队的底线要求，把育人成效作为科研团队评价考核的重要参考，争创省级科研平台，大力培育科研创新人才和科研创新团队，完善学术诚信体系，注重开展诚信教育，每年开设多次学术规范与学术道德专题讲座。

三、明确职责,培育优质的育人师资

（一）明确育人职责

制定体现育人元素的岗位职责和具体的考核管理措施,加强教风建设,把思想政治素质考核作为教师业绩考核的重要内容。严肃查处违反师德学风、学术不端行为,把师德师风表现作为人才引进、职称评审、干部选拔的重要依据,实行师德师风"一票否决"制度。强化师德师风考核评价,将师德师风建设纳入学院常态化建设管理,每年度评选本学院师德师风先进个人,结合学院自身情况,培育一批"三全育人"示范岗,评选"最美杭职人"。加强学风建设,根据学院特点进行特色化的学风建设,每学年进行个人风采和班级风采展示,学院共青团每学年分层分领域小范围进行学生干部作风建设活动,积极参与和承办学生"融善"成长计划系列活动,培养学生德技并修、品学兼优的优良品格。

（二）推进四大工程

深化习近平新时代中国特色社会主义思想教育,深入推进"领航工程""固本工程""头雁工程""铸魂工程"四大工程,加强干部队伍建设,形成有效机制,加强社会主义核心价值观教育,定期组织开展主题宣传教育活动,积极实施青年马克思主义者培养工程。

（三）加强专职辅导员队伍建设

鼓励优秀辅导员参加业务培训,落实月度交流、季度培训和年度考核相关工作,鼓励辅导员攻读相关学科的博士学位,强化思想政治教育特色品牌建设,实现教工党支部书记"双带头人"100%全覆盖,落实院领导干部深入基层联系学生要求,建设1~2个"辅导员名师工作室"和"班主任名师工作室"。

四、党建引领、打造文化育人品牌

发挥基层组织的政治核心作用,建立党支部书记抓基层党建述职评议考核制度,把"三全育人"作为考核内容,实施党政联席会议制度,健全本学院集体领导、党政分工合作、协调运行的工作机制,提升班子整体功能和议事决策水平,争创"标杆院系",完善基层党支部参与重大事项决策机制,健全党员教育管理机制,培育党建特色项目,打造党建特色品牌,争创省级党建特色品牌,开展品牌支部建设活动,积极参加校"星级支部"评选活动,建设党员头雁工作室,发挥群团组织育人合力,发挥群团组织的桥梁纽带作用,固化学生参与学院内部治理机制,引领教育学生,打造校级及以上文明社团、文明宿舍、优秀团支部。

第二节 行校企共推文化育人实践探索

一、探索"课程思政",构建全员育人新格局

构建课程思政改革长效工作机制,出台《杭州职业技术学院课程思政改革实施办法》,

每学期至少召开 2 次总结会议，基于课程思政的实践经验及时修改完善课程标准。基于思政元素与专业知识融合融通理念，构建融"安全意识、工匠精神、遵章守规、创新思维"等思政元素的课程标准，传授技能的同时培养学员工程伦理、职业素养。以有情怀、有味道、有气质的"三有"要求，引入 VR/AR 等寓教于乐的新媒体技术创新课程思政授课形式，通过浸润式教育，将思政元素有效融入专业培训，提高专业课程"课程思政"的实效性，扩大教育的覆盖面。

2021 年 5 月，特种设备学院"电梯检测技术"入选课程思政示范课程，授课团队入选课程思政教学名师和教学团队。

（一）电梯工程技术专业课程思政总体设计

电梯安全是关乎公共安全的重大民生工程，国家特种设备法明确规定，电梯检验人员要持证上岗，并需定期参加证书的复核培训。特种设备学院系全国电梯检验员培训基地，将《电梯检测技术》作为"电梯检验员"考证培训的核心课程，近五年培训电梯从业人员 1 万余人。

1. 大国匠心、安全卫士，构建课程思政建设目标

课程依托唯一的国家"双高"电梯专业群引领优势，发挥电梯专业国家教学资源库建设单位和全国电梯检验员培训基地的平台优势，针对参训学员"政策理解不足、对民族品牌认同度低、技能不精、职业意识淡薄"等现状，深度挖掘"厉行法规标准、坚守安全底线、保障公共安全"的电梯行业特质思政元素，达成"安全责任内化于心、规范操作外化于行"的职业素养目标，进而实现培养一批能将公众的安全、健康和利益作为最高行业准则的安全卫士。

2. 任务引领、德技并修，优化课程思政实施策略

依托一流行校企共建共享资源，培训内容对标国家资格证书要求，以机房项目、井道项目、应急救援等工作任务为引领，多维度挖掘思政元素。通过国家政策深度解读，培养政策自信，厚植家国情怀；通过民族品牌电梯发展战略学习，培养科技自信，激发创新活力；通过 VR 技术融入及技能培养，加强专业自信，夯实专业技能；通过保障安全职业信念植入，培养职业自信，涵养工匠精神；有效落实"前沿标准"知识技能，创新"理实一体"教学模式，构建"准入考核"评价体系，将价值塑造、知识传授和能力培养贯通培训全过程。课程思政整体设计思路如图 8-1 所示。

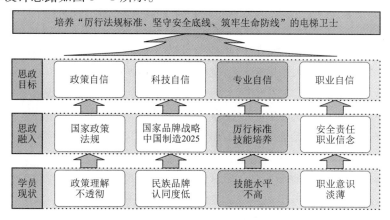

图 8-1 课程思政整体设计思路

（二）电梯工程技术专业课程思政教学实践

课程对接职业工作岗位要求，面向"电梯检验员"岗位资质证书及复核培训，找准融入课程思政的"点"，连点穿成"线"，并将各条线编织成"面"，整体设计课程思政教育模式，促成学员养成"安全责任内化于心、规范操作外化于行"的职业素养。

1. 深入挖掘电梯检验行业以安全为核心的思政教育资源

对标"电梯检验员"国家准入类资格证书考核要求，将知识学习、技能培养、行为规范等与"安全责任内化于心、规范操作外化于行"的职业素养实现有机融合。通过深入剖析行业文化、前沿动态、精英人物，以及电梯检验工作任务的教育资源，深度挖掘爱国精神、民族精神、规制规范、安全意识、环保意识、职责担当、团队协作等思政教育元素，达成电梯检验行业"厉行法规标准、坚守安全底线、保障公共安全、创造美好生活"的社会价值。

2. 围绕"电梯安全卫士"培训目标设计课程思政教育体系

将电梯检验从业人员的道德价值观及工作必备的职业素养融合到培训课程中，将国考要求转化成培训课程，将课程拆解成培训子项目，子项目再拆解成技能任务点。以检测技能任务点为载体融入思政元素点，串成项目思政元素线，构建课程思政教育体系，培养具备"安全责任内化于心、规范操作外化于行"的电梯安全卫士，如图 8-2 所示。

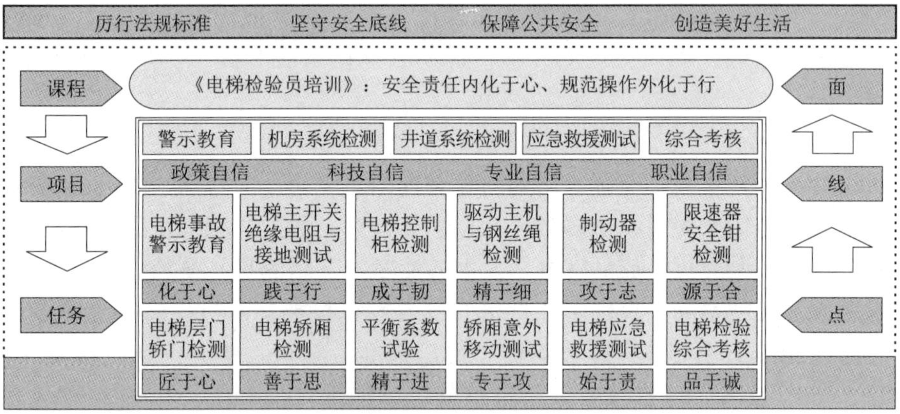

图 8-2 课程思政"点—线—面"体系构建

在教学内容设计上，从课程"思政体系"的内涵出发，结合职业岗位技能等级，以具体工作项目为载体，整合重组理论知识和技能训练。在课程内容上，将教学内容重组为 12 个任务，划分为警示教育、认知检查、检验检测、救援测试、综合考核五类阶梯递进式学习单元。其中，警示教育基于全国首个国家特种设备安全普法科普教育基地开展，通过案例警示、职业宣誓等强化学员职业信念；而实操项目与电梯检测行为紧密结合，在培养提升学员技能水平的同时，培育学员安全责任意识和规格严格、功夫到家的工匠精神。

3. 整合政行校企资源构建课程思政浸入式教学实施路径

构建教室即井道，教师即师傅的全真培训环境，开展浸入式课程思政的教学融入。一是充分发挥校企深度合作的资源优势组建双师教学团队。常驻学校的行业检验师 7 名，依托"中国特种设备检验标准委员会""技能大师工作室"在提升学员技能的同时，培养学员的安全意识和规格严格、功夫到家的工匠精神;二是与企业共建共享国内规模一流的电梯实训基地,成为全国电梯检验员培训基地,为课程思政教学汇聚行企资源;三是创新采用 AR、VR 等数智化、信息化手段,融合电梯检测的安全意识、法规意识、职业素养等元素,创建"检测工厂",强化与学员互动,营造具有岗位代入感、交互感、沉浸式的学习氛围,提升培养成效。课程思政实施路径如图 8-3 所示。

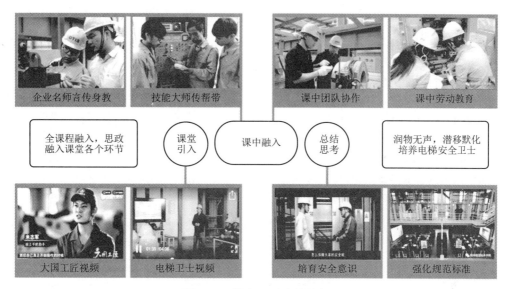

图 8-3 课程思政实施路径

(三) 电梯工程技术专业课程思政团队构建

1. 团队教研培训情况

实施课程思政合力行动,每月与思政教师联合开展 1 次课程思政教研活动,系统挖掘并更新思政元素,实现课程思政同向同行;建立教师思想政治理论水平培训机制,联合学校课程思政研究中心,每学期 2 次赴中国特种设备检验协会、浙江省特种设备科学研究院、杭州西奥电梯有限公司等行业企业单位开展课程思政调研;组织团队教师 22 人次参加各类课程思政研修班,主要包括参加职业院校课程思政实现路径分析暨案例经验分享研修班;参加"全国职业院校教学能力比赛解析、作品及技能提升高级研修班";参加全国高职高专院校课程思政建设专题培训班(线上会议),并定期开展专业组集体研讨,有效提升专业教师课程思政教学能力。

2. 开展课程思政教学实践和理论研究

课程负责人领衔开展电梯专业思政教育元素研究、课程思政教育体系顶层设计、构建思政融入专业教学与培训的路径和方法,编写校本教材《课程思政课改方案》《思想政治教育融入专业课堂要点 30 条》,引领带动全校各专业推进课程思政改革实践。主持参加 10 多项省部级、厅局级的教研课题,领衔推进电梯工程技术专业基于现代学徒制的"能力递进、素养并重"人才培养模式改革,有效提升了电梯专业服务产业发展能力。牵头创新实施"免费培养、定向就业、精准扶贫"电梯培训项目,入选教育部《高校定点扶贫典型案例集》,定点精准扶贫模式得到了国务院扶贫办的充分认可,获时任省委书记车俊批示肯定。

学校荣获全国职业院校决胜脱贫攻坚"先进集体"称号。

3. 开展课程思政培训

课程负责人负责统筹"全国电梯检验员考证培训基地"（国家市场监督管理总局批复，全国仅 3 家）、"国家特种设备安全科普教育基地"（全国首个）的建设，承担核心课程《电梯检测技术》的建设与培训任务。近五年来，课程负责人面向"电梯检验员"新入职人员岗位资质证书培训、从业人员岗位资质证书复核培训，开展培训共 18 期，受训人数达 864 人。

（四）电梯工程技术专业课程思政评价与成效

1. 基于课程思政培育目标创新考核办法

以思政结果导向，创新构建"3213"考核评价体系。"3"：按行业技能要求、行业素质评判、理论成绩三个维度实施考核；"2"：行业检验师、学校教师根据技能目标、规范操作、遵章守规等指标联合对学员进行考核评价；"1"：实践考核过程安全意识实行一票否决制；"3"：对标准入类资格"检验员"考核要求，实施"红、绿、蓝"三个技能等级的考核评价体系。全部采用量化指标，以职业核心素养为根本，操作技能为等级依据的考核评价体系。

2. 课程评价改革成效显著

一是同行和学员认可度高。考核评价获学员高度认可，激发学习热情，大幅提高考核通过率。基于课程思政培育目标考核通过的学员，安全操作习惯好，操作规范更专业，法规标准执行严，行业企业评价高。二是课程教学改革成效大。项目推动了全国电梯检验员培训课程改革，承接全国电梯检验人员资格准入考核培训，大幅提升了检验从业人员职业技能素养水准；连续三年面向全国开展《电梯检测技术》课程教师教学能力提升培训班，课程入选国家级教学资源库核心课程，示范应用全国高职电梯专业。三是业内示范辐射力强。评价方式受到了国家市场监督管理总局的高度认可，在特种设备起重机械、锅炉、压力管道、游乐设施等其他领域检验员考核培训推广应用。

3. 电梯工程技术专业课程思政典型教学案例

课程在教学过程中渗透"厉行法规标准、坚守安全底线、筑牢生命防线"的课程思政理念，形成了以下特色与创新点，现结合"鼓式电梯制动器检测"教学案例说明。

（1）警示案例：根植安全意识。电梯制动器作为电梯安全保障核心部件，能保证电梯轿厢安全制停。教学活动中通过"制动器检测事故"和"制动器失效引发案例"来引导学生树立"不伤害自己，不伤害他人，保护自己不受伤害，保护他人不受伤害"的"四不伤害"的安全意识，执行保障城市公共安全的职业使命，深刻理解安全的真实意义，提高自我保护意识，担负起关心爱护他人的责任和义务。

（2）标准规范：扎牢安全准绳。基于检测标准要求开展鼓式制动器的检测示范，将检测流程铭记于心。在教师监督下，开展检测操作，规范检测流程，实现检测步骤固化。通过过程考核，凸显标准、规则重要性，强化学员对检测规范流程重要性的理解，落实对标准制定的权威性认识，培养"厉行标准、遵章守规"的职业准则。

（3）挑战极限：锻造大国匠心。根据国家规范对制动器检测要求，引申出"制动轮与闸瓦的运动间隙越小越好，国家标准规定间隙不大于 0.7mm"，通过分析间隙超过 0.7mm 的危害与间隙越小带来的优势，鼓励学员不断挑战自己调整制动器间隙的极限，培养学生树立"精益求精、专注做事"的工匠精神。

二、践行现代学徒制,创新全程育人新模式

（一）行校企共同体,构建现代学徒制特征的协同育人机制

1. 明确校企责任,学校成立了现代学徒制领导小组

学校和企业联合成立现代学徒制试点工作领导小组,由校长担任组长,教学副校长任副组长,各相关企业负责人、职能部长、二级学院负责人任成员,落实责任制,定期召开现代学徒制工作会议,明确校企双方的职责与分工,共同商讨解决有关试点工作重大问题。

2. 完善运行机制,丰富了校企共同体合作模式

学校力推"企业主体、学校主导"的校企共同体合作育人机制,修改了《校企共同体合作办法》,在以"友嘉模式""达利现象"为代表的校企共同体基础上,深化和外延共同体内涵建设,形成了特种设备学院的"行校企"模式,有效整合了省特检院的特种设备行业资源、高职院校的教育资源和企业的市场资源,发挥"学校办学力""行业资源力""企业市场力"三大优势,在服务电梯工程技术专业建设基础上,创建了电梯评估与改造应用技术协同创新中心,为推进现代学徒制人才培养奠定校企合作基础与发展的良好平台。

3. 校企精准对接,构建不同层面的对接机制

建立现代学徒制校企合作运行机制,实施理事会领导下的院长负责制,建立了院长与企业厂长、专业负责人与车间主任、教师与师傅的三对接制度,协调解决现代学徒制人才培养过程保障、课程开发、师傅遴选、教学安排等问题,如图8-4所示。

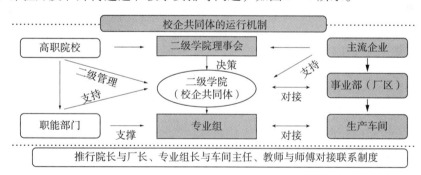

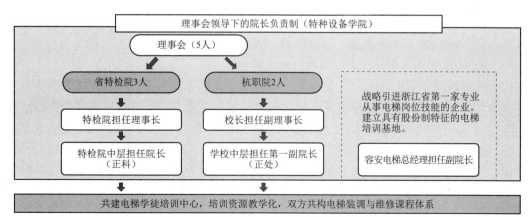

图8-4 理事会领导下的院长负责制机制示意图

(二)行校企联合,探索推进招生招工一体化

学校和学院积极推进招生与招工一体化,电梯技术专业学徒制班则采取"先招生、后招工"的方式,从学校友嘉机电学院、设备学院的机械设计与制造、电梯工程技术等相关专业范围内通过双向选择,即在第3学期从普通班学生中进行选拔签约,遴选组建一个20~30人规模的试点班。学生从一年级开始认识参观企业,企业宣讲后学生报名,通过技能测试和面试,企业确定人选,举办开班仪式并发放录取通知书,举行拜师仪式,培养学徒身份。两个专业现代学徒制试点班招生招工如表8-1所示。

表8-1 两个专业现代学徒制试点班招生招工一览表

专业	2015年	2016年	2017年	2018年
电梯工程技术		39人(35人)	56人	
机械设计与制造	15人(15人)	13人(10人)	9人	12人

注:( )内为企业留用人数。

(三)行校企共研,全面推进现代学徒制人才培养模式改革

1. 行校企共同商定人才培养规格,修订人才培养方案

学校出台了《杭州职业技术学院现代学徒制试点专业人才培养方案制定原则意见》,根据专业领域和职业行动能力的要求,参照行业企业相关的职业资格标准,重构突出专业能力、职业能力和社会能力培养的人才培养方案,先后制定了物业管理、电梯工程技术、机械设计与制造3个专业的现代学徒制人才培养方案。例如,电梯工程与技术专业的"奥的斯电梯学徒班"则是一年在校内奥的斯学徒培训中心培养,企业师父常驻学校教学,半年跟岗学习,逐步形成稳固的学徒培养体系和考核体系,推进现代学徒制人才培养探索。

2. 行校企共同明确人才培养目标,开发现代学徒制特色课程体系

各试点专业立足岗位的技术技能训练和职业素质的养成,开发了适合本专业且能充分体现现代学徒制特色的课程体系。电梯工程技术专业以电梯岗位实践需求为培养目标,在明确四大工作任务(MIAS)的基础上,实施技能培养阶段化(电梯维保、电梯装调、电梯大修三个阶段)。以七大电梯模块为载体,重点建设"电梯维修与保养"等专业骨干课程,最终建成基于工作岗位的"梯级递进、学岗融通"课程体系。

3. 积极探索教学改革与创新,实施校企双师共育模式

以现代学徒制试点为切入点,学校大力推进教学改革与创新工作,从优化课程体系、开发课堂教学资源、创新课堂教学方式、强化教学质量监控等方面营造重视课堂教学的良好氛围。2017年立项以现代学徒制研究为主要内容的省级教育教学改革项目和课堂教学改革项目3项,校级教改课题87项,不断提高教学改革水平。实施了小班化、班级订单式、现代学徒制、导师制、实训环节分组分批实施、双师合作授课等形式多样的课堂教学,课程教学融入企业项目,小班化比例达到45%以上,不断提高课堂教学效果。校企共同实施工学交替教学形式,校企双师共同承担学生(学徒)的教学任务。电梯工程技术专业学徒制课程体系示意如图8-5所示。

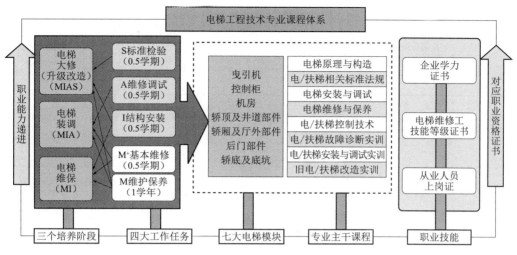

图8-5 电梯工程技术专业学徒制课程体系示意

(四) 行校企共建,互聘共用共享专业师资队伍

1. 制定了现代学徒制"双导师"教师管理办法

出台了《杭州职业技术学院特种设备学院现代学徒制师资管理办法》《杭州职业技术学院特种设备学院现代学徒制师傅标准》等办法,将学校教师和企业能工巧匠与岗位师傅等优质资源高度整合,建立了行业师资库,教学任务由学校专业教师和企业师傅共同承担,形成双导师制。企业选拔了优秀高技能人才担任师傅,明确师傅的责任和待遇,师傅承担教学任务,并纳入考核,同时享受带徒津贴。

2. 遴选组建了一支优良的师傅团队

各试点专业与合作企业建立了技艺精湛的师傅团队,目前在库师傅超过100人。仅电梯工程技术专业,浙江省特种设备科学研究院就为学校建立了由教授级高工3人、高工84人、博士后2人、博士8人、硕士92人、博导2人组成的兼职教学专家队;奥的斯电梯公司也与学校共筑发展均衡的双师型教学团队,17名企业一线技师常驻学校参与基地的教学和管理工作,多方共同实施现代学徒制电梯人才培养。现代学徒制课程形态(以工作本位学习为主)示意如图8-6所示。

(五) 行校企共管,建立适合现代学徒制可持续运行的管理制度

学院修订完善了《校企共同体管理办法》,促进现代学徒制管理机制的多元发展,建立和完善基于"校企共同体"现代学徒制试点的各类标准,校企双方联合制定了《现代学徒制课程标准》《岗位标准》《毕业出师标准》《学徒标准》《师傅标准》等,实施统一标准,多样化实现,多样化发展;出台《杭州职业技术学院特种设备学院现代学徒制教学管理实施办法(试行)》,确保现代学徒制的人才培养质量。如电梯专业建立了"1334"评价体系,推行以保障电梯公共安全为准则的评价理念,企业、行业协会和学校三方依据各自培养目标及认定流程,按企业技能要求、行业素质评判、学校成绩考核三个维度进行考核评价。学校与企业签订现代学徒制试点合作协议,学校、企业、学生(家长)三方签订培养协议,明

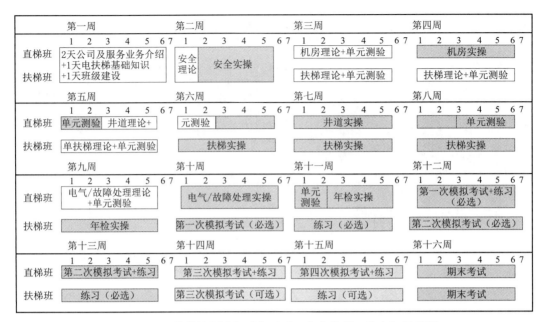

图8-6 现代学徒制课程形态（以工作本位学习为主）示意图

确三方职责；签订实习协议，规范实习管理；签订师徒协议，明确师徒各自的职责和任务，对师徒进行考核。出台师徒考核管理办法，遵循过程考核与结果考核相结合的原则，主要考核评价师徒协议履行情况，考核评价学徒理论知识掌握情况、学习表现、学习任务完成情况及取得的成果等，深化激励制度。企业对师傅给予每月带徒津贴发放，学校对优秀师傅（评选金银铜牌师傅）进行奖励，校企共同奖励优秀学徒和在企业技能大赛获奖的学徒。

三、协同推进文化育人，共建全方位育人新形式

（一）行企文化与校园文化相结合，思政元素全面融入育人过程

1. 构建"大思政"工作格局，建立健全思政工作岗位责任制

学校高度重视思政育人工作，建立党委直管的"大思政"体系。党委书记直接分管和统筹部署宣传部、学工部、团委、二级学院及人文社科部的思想政治工作任务。特种设备学院将思政工作完全融入日常活动开展，将思政元素列为各部门、各教职员工工作考核的重要参考指标，强化显性思政，细化隐性思政，抓住"点、线、面"，尽好"责"，确保立德树人落实落地。

2. 建设思政意蕴的学院景观，营造思政氛围

一是强化党建引领，在学院办公楼教学区内设计布置以社会主义核心价值观为主题的展板和以廉洁工作为主题的文化长廊，特别是开辟党员之家等思政学习区域，营造浓厚思政氛围。二是将具有鲜明特种设备行业特色的文化概念融入学院实景布置，展现行业理念、前沿动态、职业资讯，通过氛围营造与思政改革相结合，潜移默化中培养学生素养和对职业的更高追求，将"大思政"全面融入育人过程。学院思政文化长廊景观如图8-7所示。

图 8-7 学院思政文化长廊景观

3. 构建课堂、网络、日常相互贯通的育人格局

一是实施"大思政"育人综合改革,构筑融合课程思政、文化思政、网络思政、日常思政"四位一体"的立德树人体系。二是开展基于大数据的网络"三全"育人工程,以学生需求为导向,利用大数据解决"供需错位"问题,实现按需供给、精准供给,育人指标数据化、标准化,推进"全员、全过程、全方位"育人。

4. 创设企业文化大讲堂

学院举办多场企业文化大讲堂活动,邀请合作行业、企业专家授课宣讲,围绕"企业需要什么样的大学生""高端制造业发展趋势及人才培养""企业的7S管理""电梯行业发展与人才培养""做最好的自己""在学校里如何把自己变成企业喜欢的人""数控机床维修前景""电气自动化技术应用及人才需求"等主题,结合一线工作实际,宣传企业文化,输出企业需求,解答学生困惑,探讨育人新模式,引领大学生成长成才。加强职业生涯规划教育,开设职业生涯规划课,分专题由专业负责人(专业骨干教师)和企业人力资源主管讲授,指导学生学习职业生涯知识、掌握职业生涯规划技能,科学制定和动态调整职业生涯规划,为求职择业做好充分准备。企业文化大讲堂活动开展现场如图 8-8 所示。

图 8-8 企业文化大讲堂活动开展现场

5. 加强职业认知教育

组织始业教育，开展特种设备行业、电梯专业介绍与前景教育，帮助学生增强对自身专业、对口职业的认可度，熟悉行业背景，了解企业文化、环境及对员工的素质、技能等要求。加强职业理想教育，按照学生的认知发展和成长规律，通过实践教学、实习实训、职业指导等形式，向学生系统介绍本专业及相关行业、企业、岗位在经济社会发展中的地位，引导学生认识职业的社会价值，确立职业理想，为实现"学生角色"向"职业人角色"的转换奠定思想基础。

（二）行企实习与专业实践相结合，实践信念全面融入学业生涯

1. 打造"是校非校，似企非企"的实践育人环境

一是继"敲墙运动"后，进一步打造实践育人环境，特种设备学院建设1个"校中厂"，建有电梯专业生产性实训基地，把企业的生产设备、技术人员、运行管理引入学校，让学生在真实工作环境中学习实践，进一步推动校园环境的设计与建设，营造真实的生产车间和职场环境，帮助学生在实际操练中加深对岗位规范、操作规程和企业文化的认知。二是学院与紧密合作企业建设"厂中校"，将教室搬到企业，课堂落到车间，实现学生的技能实践与企业岗位要求零距离衔接，让学生掌握过硬的动手能力。帮助学生了解区域文化，增强合作、创新、竞争等职业能力。特种设备学院学生在企业车间开展实践学习如图8-9所示。

图8-9 特种设备学院学生在企业车间开展实践学习

2. 深化实践育人模式改革

一是结合现代学徒制试点，将实践教学方法改革作为专业建设的重要内容，重点推行基于问题、基于项目、基于案例的教学方法和学习方法，加强综合性实践课程设计和应用。二是结合创新创业教育，加强学生实践思维培养，支持学生开展研究性学习、创新性实验、创业计划和创业实践活动。通过社会实践与实践育人模式改革相结合，将"大实践"全面融入学业生涯。

3. 开展企业认知实习

实地走访校外实习基地、合作企业等，真实情境熏陶专业职业素养，深化工学结合人才培养模式中的"学做合一"、师傅帮带、项目导向等教学改革，构建体现专业职业素养要求的生产、实习、实训等教学环节。不断提高专业基础理论知识、专业技能、不同行业职业的职业操守、职业行为和职业作风等。电梯专业紧扣杭州产业结构调整，深化专业课程改革，将行业职业素养的特殊要求融入专业课程教学，使专业建设、课程开发、教学内容、教学方法等反映行业、企业对学生专业职业素养的真实需求，培养学生的职业操守、职业行为和职业作风。培养学生的职业价值观、通用职业素养和专业职业素养。特种设备学院领导带队走访企业检查学生实习情况如图8-10所示。

4. 加强专业实践锻炼

结合专业特点和素质养成，依靠学院合作企业优势和与周边各社区的密切联系，有计划

图 8-10　特种设备学院领导带队走访企业检查学生实习情况

地组织专业学生进行实践锻炼，开展方针政策、行业知识"进社区""进学校"实践活动，组织专业社团和青年志愿者参与杭州重大工程、基层社会调查、安全公益宣传、访问大中企业等专业实践活动，增进学生对特种行业、关联企业、对口岗位的感性认识，将实践信念全面融入学业生涯，提高学生对国情、区情和民情的了解，提高学生对经济社会发展中成绩和困难的辩证认知，拓展发展视野，增进社会阅历，提升认识自身价值和肩负责任的自觉。

（三）社会劳动与志愿服务相结合，劳动意识全面融入学习生活

1. 开展校园劳动服务岗活动

一是设立学院勤工助学岗位，开设实训基地环境维护、教学场所管理、仪器设备维护等管理服务岗，将劳动服务活动贯穿学生进校到毕业全过程。二是开展系列劳动服务活动。针对大一学生，重点开展新生班卫生保洁、校园环境维护活动；针对大二学生，重点开展学生助理岗、爱心公益活动等；针对大三学生，重点开展仪器设备维护、"老带新"活动等。通过校园管理与劳动教育相结合，将"大劳动"全面融入大学生活。

2. 开展劳模宣传月活动

每个学期设定一个月集中组织劳动模范、先进工作者开展主题宣讲活动，引导学生深刻领悟劳动的丰富内涵，牢固树立劳动光荣的坚定信念。定期开展"社会劳动+专业技能"相结合的志愿服务活动。

3. 电梯安全进社区、进校园

结合专业特色，持续开展电梯安全宣传"进学校""进社区"活动。在全区多个小学校园、居民小区开展电梯安全知识普及活动，通过图片展示、知识讲解、发放安全乘梯宣传单等形式，宣传正确乘用电梯的方法，遇到电梯故障的应对措施及解救方法，提升乘用电梯的安全意识，加强自我保护能力，有效保障人身安全。学生走出课堂，走进社区，旨在通过宣传讲解、提供咨询等方式提升社会公众应对电梯突发事故的快速应急处置能力和水平，切实提升群众的安全感，营造"电梯安全，人人有责"的良好社会氛围。通过此类志愿服务劳动进一步巩固所学专业知识，为今后实际从事电梯行业打下坚实的理论基础，同时也增强新时代大学生的社会责任感和使命感，体会助人为乐的快乐，切实提高专业育人水平。电梯安全宣讲活动现场如图 8-11 所示。

4. 开展小家电维修服务

学院专门开展结合专业特色的志愿服务活动，在活动中提升学生专业知识和技能，增强

图 8-11 电梯安全宣讲活动现场

学生的劳动意识。自 2016 年以来，通过暑期社会实践、周末志愿服务等形式在全校范围、周边社区开展免费维修小家电志愿服务活动，接收并维修上百件故障小家电，同时介绍有关家用电器的工作原理，宣传和讲解安全用电、家电维护常识。社会劳动与志愿服务相结合，发挥了专业优势，提升大学生的专业实践能力，同时培养学生严谨认真的态度、谨慎钻研的精神。开展小家电维修志愿劳动为师生们解决了生活上的小难题，也给学生们提供了学习及社会实践平台，提高职业素养和奉献精神，厚植劳动意识，增强职业自信和职业认同感。开展小家电维修服务如图 8-12 所示。

图 8-12 开展小家电维修服务

（四）行企模范与工匠培育相结合，工匠精神全面融入学生素养

1. 开展行业专业技能大赛活动

完善《学生技能竞赛管理办法》，在学院范围内系统开展基于电梯专业的技能竞赛、创新创业竞赛等。鼓励学生积极参与各类专业技能大赛，培育工匠精神，塑造行企精英。同时开展形式多样、参与性强的文体和科技活动，促进知识技能素养与科学人文、身体心理素养教育的有机融合。

2. 实施"工匠精神"融入课程计划

把工匠精神作为技术技能人才的核心素养，列入各类课程的教学目标。对接企业和行业规范，细化学生核心素养体系和教学质量标准。开发具有丰富"工匠精神"培育内容的精品课程。重视课堂教育，深入发掘专业课程和技能教育的人文价值内涵，分析和展示敬业爱岗、认真负责、吃苦耐劳、团队合作等职业基本素养，把人文素养培养贯穿于专业教学和技能教育始终,引导学生把"做事"与"做人"的学习统一起来。工匠进校园活动开展现场如图8-13所示。

图8-13 工匠进校园活动开展现场

3. 实施技能大师、大国工匠进校园

学院聘请多位技能大师、"浙江工匠""杭州工匠"进课堂授课,引领学生走上工匠成才之路。开展多期杭州工匠进校园活动,邀请行业内成就突出的企业家、学者、校友来院现身说法,分别邀请杭州松下家用电器有限公司保全科科长、高级技师、"杭州工匠"胡光华;"杭州工匠"、杭州市五一劳动奖章获得者张利舟;全国技术能手、浙江省"百千万"高技能领军人才、杭州市五一劳动奖章获得者、"杭州工匠"杨洋结合自身工作实际,与学生做充分交流分享。充分发挥工匠人才的引领示范作用,弘扬劳动光荣、技能宝贵、创造伟大的时代风尚,营造精益求精的敬业风气。激励学生理解工匠精神、学习工匠精神,推动学生个人学业的进步、未来人生的发展,推动成长成才。

杭州职业技术学院
2021级电梯工程技术专业人才培养方案

（专业代码：460206）

一、入学要求

普通高中毕业生。

二、修业年限

基本学制三年。

三、培养目标

电梯工程技术专业依托于电梯行业，面向电梯制造、安装、维修与调试、评估与改造、管理、服务等一线行业需要，培养能适应工业企业和区域经济发展最新要求，掌握本专业必备的基础知识与技能，具备电梯安装、改造、维保、调试、电梯工程项目管理等专业知识和核心职业技能，具备行业职业资格，有一定的专业拓展和创新能力、良好职业道德、人文素养、团队精神，能从事现代化电梯安装、改造、检修、运行维护及施工现场管理的高素质高技术技能型人才。

四、岗位群与职业生涯路径

专业工作岗位群分析表见表1。

表1 专业工作岗位群分析表

职业领域	工作岗位（群）		
	首岗	发展岗	迁移岗
电梯维修保养	电梯维修保养	技术支持、维保经理	电梯大修
电梯检验检测	电梯检测人员	监督检测、安全经理	技术研究
电梯工程管理	电梯安装改造	项目经理、安装经理	电梯调试

五、人才培养规格

(一) 知识要求

1. 掌握电工、钳工的基本操作技能及各种照明装置的安装和维修知识。
2. 掌握交、直流电动机的运行原理,并会正确地排除使用运行中的故障。
3. 了解变压器的结构和懂得变压器的运行原理,并掌握三相变压器的联结方法和运行中的维护知识。
4. 掌握三相五线制电气装置的安装、质量检验和维修。
5. 熟悉常用低压电器的结构、原理,并会排除低压电器的常见故障。
6. 掌握电气控制线路和电力拖动的各种基本环节,并善于分析、排除故障。

(二) 技能要求

1. 掌握电梯制造、安装、维修必须的机械电子电气图绘制及工艺知识,会绘制与阅读电梯机械电子电气图纸。
2. 具有电梯安装、改造、维修、调试、检测的专项技能,具有现场工程项目的组织和协调的综合职业能力。
3. 熟悉建筑土建图纸,能根据电梯布置规划配置要求,出具井道布置图,并完成井道勘查。
4. 在了解电梯安装流程及工艺的基础上,能根据电梯安全技术规范与各电梯设计文件要求,完成电梯安装及自检工作。
5. 在了解电梯的机械/电气构造、熟悉电梯的性能及电路图的基础上,具备排除故障的应急能力,能根据电梯维护保养规程及电梯维护说明书,定期对电梯进行检查、保养,并做好维修保养记录。
6. 具备电梯驾驶、电工技术,会高空作业、防火、电焊、气焊等操作。
7. 能完成工程项目投标报价;工程项目投资分析、项目估价、工程项目施工组织计划、进度控制管理、质量管理、成本管理、合同管理、信息管理、安全管理、验收标准等。
8. 在操作过程中具备掌握电梯各法律法规、安全技术规范、制造安装安全标准的能力。

(三) 素养要求

基于作为特种设备的电梯行业发展需求,着力培养学生为保障城市公共安全的奉献精神,坚定学生工作、生活的安全意识,将工匠精神融入教学过程,努力培养符合新时代社会主义建设发展需求的职业匠才。

(四) 职业技能证书要求

职业资格证书一览表见表2。

表2 职业资格证书一览表

名称	等级	颁证单位	性质
维修电工	中级	杭州职业技术学院	选考
维修电工	高级	杭州职业技术学院	选考

续表

名称	等级	颁证单位	性质
电梯安装维修工	中级	杭州职业技术学院	选考
电梯安装维修工	高级	杭州职业技术学院	选考
电梯从业资格证	初试	浙江省市场监督管理局	选考

实施 1+X 技能证书，X 技能证书清单见表3。

表3 职业技能证书清单

序号	职业技能证书	适用岗位	等级	颁证单位
1	电梯维修保养	维修保养	中	杭州西奥电梯有限公司
2	电梯维修保养	维修保养	高	杭州西奥电梯有限公司

六、工作任务与职业能力分析

通过工作任务与职业能力分析，确定工作领域、工作任务和职业能力。工作任务与职业能力分析见表4。

表4 工作任务与职业能力分析

工作领域	工作任务	职业能力（素质）要求	对应课程
1. 电梯安装	1-1 收货及土建勘查	1-1-1 能合理安排部件存放	电梯结构与原理、金工实训、机械制图、零件测绘、电梯安装与实训
		1-1-2 能根据电梯土建图确认井道尺寸是否正确	
	1-2 施工准备	1-2-1 能读懂电梯安装说明书	
		1-2-2 能确认所有工具符合安全要求/技术要求	
		1-2-3 能布置施工现场以达到施工条件	
		1-2-4 能制定施工进度	
		1-2-5 能与土建/总包等关联方进行工作协调	
	1-3 电梯机械过程安装	1-3-1 能安全熟练使用手拉葫芦、电焊机、乙炔气割等电梯常用工具	
		1-3-2 能根据电梯井道土建图，测量确定样板架定位	
		1-3-3 能完成电梯导轨及主机安装工作并调整相关精度	
		1-3-4 能熟练安装笼门架轿厢体整体并调整其垂直度与水平度	
		1-3-5 能根据现场情况，计算裁剪曳引钢丝绳长度并计算弹性余量	
		1-3-6 能完成门机安装并调整门机机构、门机与厅门连动机构、厅门机构	

续表

工作领域	工作任务	职业能力（素质）要求	对应课程
1. 电梯安装	1-3 电梯机械过程安装	1-3-7 能真实、正确、准确填写施工过程记录	电梯结构与原理、金工实训、机械制图、零件测绘、电梯安装与实训
		1-3-8 能严格执行电梯安全操作规程	
	1-4 电梯电气过程安装	1-4-1 能读懂电气原理图和施工接线图	
		1-4-2 能根据电梯安装手册铺设各种电气线路	
		1-4-3 能制作各种支架并铺设随行电缆并固定	
		1-4-4 具备安全用电能力与意识	
		1-4-5 能熟练使用万用表及电工作业工具	
	1-5 电梯精调	1-5-1 能根据电气原理图完成接线排查工作	
		1-5-2 能测试各线路绝缘情况	
		1-5-3 能检查各部件润滑油的正确量与润滑油标号	
		1-5-4 能检查电梯平衡系数及电梯安全保护装置功能有效性	
		1-5-5 能检查机械部件安装尺寸	
		1-5-6 能调整井道感应件和开关尺寸	
		1-5-7 能调整轿门联动机构与电气驱动装置，能调整厅门与门锁装置	
		1-5-8 能检查或调整安全钳的间隙	
		1-5-9 能完成电梯慢车运行	
		1-5-10 能消除各种噪音	
	1-6 电梯检查与移交	1-6-1 能按厂家自检手册进行各部件检查	
		1-6-2 能填写自检报告	
		1-6-3 能整理所有移交资料	
		1-6-4 能与甲方进行沟通协调	
2. 电梯调试	2-1 电梯动车前检查	2-1-1 能检查井道是否完全封闭	电梯控制柜元件组装、变频器与触摸屏应用技术、电/扶梯控制技术、单片机技术
		2-1-2 能检查缓冲器是否正确安装（固定可靠、位置正确、油位合适）	
		2-1-3 能检查动力电源是否合格（包括电源线线径是否合格，电压是否合格）	
		2-1-4 能检查曳引系统是否完成安装	
		2-1-5 能检查重量平衡系统是否合适	
		2-1-6 能检查限速器/安全钳系统安装正确，联动可靠	

续表

工作领域	工作任务	职业能力（素质）要求	对应课程
2. 电梯调试	2-2 电梯慢车运行调试	2-2-1 能根据电气原理图完成接线排查工作	电梯控制柜元器件组装、变频器与触摸屏应用技术、电/扶梯控制技术、单片机技术
		2-2-2 能测试各线路绝缘情况	
		2-2-3 能检查运动部件安装尺寸	
		2-2-4 能检查各部件润滑油的正确量与润滑油标号	
		2-2-5 能完成电梯慢车运行	
		2-2-6 能检查制动器的调整是否符合要求	
	2-3 电梯正常运行调试	2-3-1 能调整井道感应件或开关尺寸	
		2-3-2 能调整轿门联动机构与电气驱动装置	
		2-3-3 能调整厅门与门锁装置	
		2-3-4 能检查或调整安全钳的间隙	
		2-3-5 能检查电梯平衡系数及电梯安全保护装置功能有效性	
		2-3-6 能完成电梯的快车运行	
		2-3-7 能检查电梯的常用功能是否正常工作	
	2-4 电梯调试阶段故障排除	2-4-1 能排除慢车运行的常见故障	
		2-4-2 能排除调整外围线路、外围电器元件、位置开关的常见故障	
		2-4-3 能排除调整安全回路、门锁线路的故障	
		2-4-4 能排除门安全触板、光电/幕故障	
		2-4-5 能排除制动器故障	
3. 电梯维护与保养	3-1 客户需求沟通	3-1-1 能了解客户电梯保养的基本需求	电梯维护与保养、电路与电机、互换性与测量技术、电子技术、电气控制与PLC、特种设备作业人员证、液压气压传动与控制、AUTOCAD、电梯维修初级工考证培训
		3-1-2 能了解和判断客户电梯的基本情况、功能、性能等参数	
		3-1-3 能根据客户需求与电梯情况，科学合理制订电梯保养计划	
		3-1-4 能利用电梯相关技术文件开展维保工作	
	3-2 曳引系统保养	3-2-1 能判断曳引系统检测的主要内容和步骤	
		3-2-2 能根据曳引系统的特点通过目测和使用塞尺等相关工具进行保养工作	
		3-2-3 能按照国标、企标等相关标准对曳引系统进行检测和保养	
		3-2-4 能根据检测与保养的结果填写工作单	
		3-2-5 能严格遵守曳引系统保养的相关安全操作规程	

续表

工作领域	工作任务	职业能力（素质）要求	对应课程
3. 电梯维护与保养	3-3 导向系统保养	3-3-1 能判断导向系统检测的主要内容和步骤	电梯维护与保养、电路与电机、互换性与测量技术、电子技术、电气控制与PLC、特种设备作业人员证、液压气压传动与控制、AUTOCAD、电梯维修初级工考证培训
		3-3-2 能根据导向系统的特点正确选择润滑油进行保养工作，并判断导向系统有无异响	
		3-3-3 能按照国标、企标等相关标准对导向系统进行检测和保养	
		3-3-4 能根据检测与保养的结果填写工作单	
		3-3-5 能严格遵守导向系统保养的相关安全操作规程	
	3-4 轿厢保养	3-4-1 能判断轿厢检测的主要内容和步骤	
		3-4-2 能根据轿厢的特点通过目测触摸等方式进行保养工作	
		3-4-3 能按照国标、企标等相关标准对轿厢进行检测和保养	
		3-4-4 能根据检测与保养的结果填写工作单	
		3-4-5 能严格遵守轿厢保养的相关安全操作规程	
	3-5 门系统保养	3-5-1 能判断门系统检测的主要内容和步骤	
		3-5-2 能根据门系统的特点，运用钢直尺测量进行机械结构调整，判断运行是否顺畅	
		3-5-3 能按照国标、企标等相关标准对门系统进行检测和保养	
		3-5-4 能根据检测与保养的结果填写工作单	
		3-5-5 能严格遵守门系统保养的相关安全操作规程	
	3-6 重量平衡系统保养	3-6-1 能判断重量平衡系统检测的主要内容和步骤	
		3-6-2 能根据重量平衡系统的特点，进行听声、目测等方法进行保养工作	
		3-6-3 能按照国标、企标等相关标准对重量平衡系统进行检测和保养	
		3-6-4 能根据检测与保养的结果填写工作单	
		3-6-5 能严格遵守重量平衡系统保养的相关安全操作规程	
		3-6-6 能判断重量平衡系统检测的主要内容和步骤	
	3-7 电力拖动系统保养	3-7-1 能判断电力拖动系统检测的主要内容和步骤	
		3-7-2 能根据电力拖动系统的特点，检查线路是否紧固等	

续表

工作领域	工作任务	职业能力（素质）要求	对应课程
3. 电梯维护与保养	3-7 电力拖动系统保养	3-7-3 能按照国标、企标等相关标准对电力拖动系统进行检测和保养	电梯维护与保养、电路与电机、互换性与测量技术、电子技术、电气控制与PLC、特种设备作业人员证、液压气压传动与控制、AUTOCAD、电梯维修初级工考证培训
		3-7-4 能根据检测与保养的结果填写工作单	
		3-7-5 能严格遵守电力拖动系统保养的相关安全操作规程	
	3-8 电气控制系统保养	3-8-1 能判断电气控制系统检测的主要内容和步骤	
		3-8-2 能根据电气控制系统的特点，测试是否正常并进行保养工作	
		3-8-3 能按照国标、企标等相关标准对电气控制系统进行检测和保养	
		3-8-4 能根据检测与保养的结果填写工作单	
		3-8-5 能严格遵守电气控制系统保养的相关安全操作规程	
	3-9 安全保护系统保养	3-9-1 能判断安全保护系统检测的主要内容和步骤	
		3-9-2 能根据安全保护系统的特点，进行功能性试验，并进行保养工作	
		3-9-3 能按照国标、企标等相关标准对安全保护系统进行检测和保养	
		3-9-4 能根据检测与保养的结果填写工作单	
		3-9-5 能严格遵守安全保护系统保养的相关安全操作规程	
4. 电梯保养与维修	4-1 电梯故障分析与判断	4-1-1 能判断噪音、异常音的根源	电梯保养与维修、电梯故障诊断实训
		4-1-2 能对电梯运行抖动原因进行分析	
		4-1-3 能判断电梯开关门运行异常原因	
		4-1-4 能通过电梯慢车运行检查，分析判断电梯故障的大致范围	
		4-1-5 能根据故障现象，运用短接法、电压法对电梯进行检查，判断电梯故障元件或设备	
		4-1-6 能根据电梯常发故障提出电梯管理、使用建议	
	4-2 电梯机械故障诊断与维修	4-2-1 能完成简单机械零部件的维修与加工	
		4-2-2 能掌握电梯零件互换技术（不同型号同规格的零件互换）	
		4-2-3 能正确运用维修设备、工具，按安全操作规范对电梯的主要部件进行更换；	

续表

工作领域	工作任务	职业能力（素质）要求	对应课程
4. 电梯保养与维修	4-3 电梯电气故障与维修	4-3-1 能根据电气系统的基本结构，判断故障产生的大致原因	电梯保养与维修、电梯故障诊断实训
		4-3-2 能使用万用表检测故障	
		4-3-3 能熟练看懂电路图、了解设备各功能的控制原理	
		4-3-4 能识别选用常见电子元器件	
		4-3-5 能修改及调试电梯控制系统参数	
		4-3-6 能根据相关安全规程排除电梯电气故障	
		4-3-7 能按照规范进行诊断	
	4-4 电梯改造方案设计	4-4-1 能了解电梯改造基本工作流程	
		4-4-2 能根据用户需求以及现场实际情况制定改造方案	
		4-4-3 能确保改造方案符合国家规范	
		4-4-4 能带队完成修理改造方案的施工任务	
5. 电梯质量检测	5-1 电梯安装维保检测	5-1-1 能根据安全技术规范、电梯安装手册及维护保养说明对电梯运行情况及各安全性能完成工地质量检查	电梯检测技术
		5-1-2 能根据检查情况提出工作安全及质量整改要求	
		5-1-3 能对安装维保情况提出工作建议	
		5-1-4 能完成质量检查情况整体报告	
	5-2 电梯安装维保检验	5-2-1 能根据电梯参数订造检验方案	
		5-2-2 能根据现在情况完成检验项目与内容	
		5-2-3 能根据检验情况给出检验结论	
		5-2-4 能根据检验情况修正检验方案并对安装维保工作给出指导建议与改进方案	
	5-3 电梯性能评估	5-3-1 能判别电梯零部件磨损、报废情况	
		5-3-2 能完成电梯整机性能评估	
		5-3-3 能完成电梯整机评估结论	
		5-3-4 能完成被评估电梯的大修改造方案	
6. 电梯项目管理	6-1 安装管理	现场安全管理	6-1-1 能掌握现场安全操作规程	电梯工程项目管理、沟通与礼仪
			6-1-2 能识别现场风险	
			6-1-3 能排除现场风险点	

续表

工作领域	工作任务		职业能力（素质）要求	对应课程
6. 电梯项目管理	6-1 安装管理	安装过程管理	6-1-4 能勘查现场环境及机房、井道、底坑等的尺寸，并提出整改方案	电梯工程项目管理、沟通与礼仪
			6-1-5 能根据用户要求及现场实际制定施工方案，并且需用户确认	
			6-1-6 能组织相关人员进场施工，并按期施工方案控制时间节点	
			6-1-7 能在施工结束后组织企业验收和政府部门验收，并按公司管理要求移交用户	
			6-1-8 能及时、准确地将电梯移交公司维保部门，按时进入维保过程	
			6-1-9 能做好财务节点控制	
		客户关系维护	6-1-10 能与各级领导、管理人员进行有效的联系和沟通	
	6-2 维保管理	维保作业安全管理	6-2-1 能掌握现场安全操作规程	
			6-2-2 能识别现场风险	
			6-2-3 能排除现场风险点	
			6-2-4 能组织人员对移交的电梯进行检查，并提出整改要求	
			6-2-5 能根据电梯的台量和区域等制定维保作业计划	
			6-2-6 能监督检查维保人员作业过程和维保质量，并按规范填写单据	
			6-2-7 能督促应收账款的催讨以及法律诉讼时效，避免出现坏账	
			6-2-8 能确保电梯设备顺利通过年检工作	
			6-2-9 能组织相关人员进行各项安全、技能、管理培训	
		客户关系维护	6-2-10 能加强与客户关系的沟通与维护，避免用户投诉抱怨	
			6-2-11 能有效确保合同签收和应收账款的回收	

七、课程体系结构与主要课程

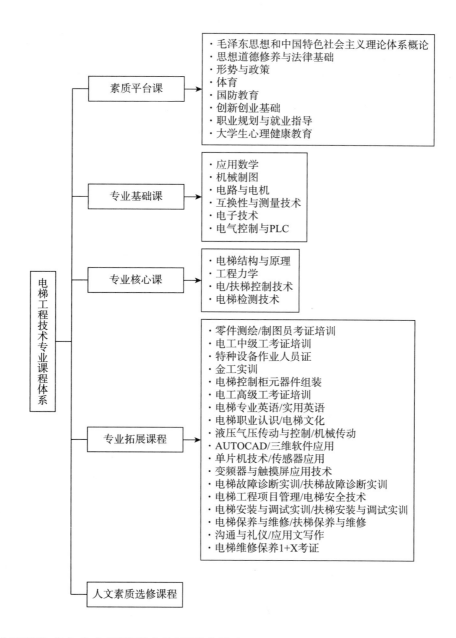

电梯工程技术专业主要课程内容及要求见表5。

表 5　主要课程内容及要求一览表

序号	课程名称	主要教学内容与要求	技能考核项目与要求	建议课时
1	电梯结构与原理	教学内容： 电梯的运行原理，包括机械结构和机械传动部分，不同电梯的不同传动方法以及电梯的安装结构，主要包括八大系统（曳引系统、导向系统、轿厢、门系统、重量平衡系统、电力拖动系统、电气控制系统、安全保护系统） 教学要求： 熟知电梯基本结构；掌握各传动系统的功能；能清楚电梯各部分构造；熟练掌握八大系统拆装技术；能完成曳引力计算及验证；掌握导向系统的要求，并能根据实际情况对导轨、导靴选型；根据设计要求能计算出轿厢装修控制重量；能对重量平衡系统提出改进措施；掌握各系统出现问题对电梯运行或安全带来的危害；掌握各安全装置的工作原理；了解各安全保护装置保护对象及其失效带来的风险	技能考核项目：电梯机械结构考核及传动原理分析 技能考核要求：达到电梯安装与维保技师初级水平要求	68
2	电梯检测技术	教学内容： 掌握电梯检验员对于电梯检验要求，熟知国家法规标准、检验检测方法，对电梯安全评价有足够的了解。 教学要求： 了解国家电梯法律规范、检规标准要求，能在检测过程中有效保护自己的安全，根据企业技术标准完成电梯安全检测，对各安全部件安全要求有所了解，能完成对电梯安全进行检测并出具相关检测报告	技能考核项目：电梯检验检测。 技能考核要求：达到国家电梯检验检测人员要求	68
3	电/扶梯控制技术	教学内容： 安全教育，安全操作；认识开环及闭环控制理论基础，熟知电力拖动、电气控制技术、PLC 技术在电/扶梯中的应用、电梯控制回路的基本知识并对其掌握、运用。 教学要求： 了解并掌控电梯安全操作规程；能有效保护自己的安全；能阅读典型电梯的电气原理图、元件连接图和进行正确的设备参数选择和判断，了解电梯电气控制原理及 PLC 技术；掌握各控制模块的作用；能判断不同接线方案对电梯控制系统的影响；了解各控制模块故障引起的电梯故障表现及常见风险	技能考核项目：电梯维护保养。 技能考核要求：达到电梯维修工中级要求	68
4	特种设备作业人员证	教学内容： 特种设备从业资格证书考试培训。 教学要求： 掌握特种设备作业人员上岗证的要求	技能考核项目：特种设备作业相关要求。 技能考核要求：考取特种设备作业人员上岗证	1 周
5	电梯安装与调试实训	教学内容： 安全教育，安全操作；通过实训环节达成对真实电梯的安装、调试，把前面理论知识综合应用在实际工程中。 教学要求： 通过实践能完成电梯土建勘察；能完成电梯安装，能对初装电梯进行慢车、快车调试	技能考核项目：电梯安装调试。 技能考核要求：达到电梯安装工中级要求	8 周

八、教学进程表

电梯工程技术专业教学进程见表6。

表 6 电梯工程技术专业教学进程表

课程分类	课程代码	课程名称	课程类别(A\B\C)	课程性质(必修/选修)	课时 共计	课时 理论教学	课时 实践教学	学分	考试学期	考查学期	学期分配周课时数 一	二	三	四	五	六	备注
公共基础课一	A04024	毛泽东思想和中国特色社会主义理论体系概论	B	必修	68	52	16	4		二		4					
	A04026	思想道德修养与法律基础	B	必修	51	35	16	3		一	3						
	A04003	形势与政策	B	必修	54	26	28	6		考查							6学期讲座
	A01010-4	体育	C	必修	108		108	8		1-4	2	2	2	2			
	I01004	军事理论	B	必修	36	36		2		一	2周						
	I01003	军事技能	C	必修	112		112	2		一	2周						
	L09001	职场通用英语1	B	必修	60	60		4		一	4						
		劳动教育	B	必修	16	4	12	1		三		1					大一学年
	A04023	大学生心理健康教育	B	必修	32	10	22	2		一	2						第一学期
	A04015	创新创业基础	B	必修	24	14	10	1.5		二		2					第二学期
	A04016	职业规划与就业指导	B	必修	16	10	6	1		一	2						第一学期
	I02005	大学生艺术修养基础	A	必修	18	18		1		一	1						线上

续表

课程分类	课程代码	课程名称	课程类别（A\B\C）	课程性质（必修/选修）	课时 共计	课时 理论教学	课时 实践教学	学分	考试学期	考查学期	学期分配周课时数 一	二	三	四	五	六	备注
公共基础课二	A03003	考级英语	A	限选	34	34		2									
	A03005	交际英语	A	限选	34	34		2									
	A03006	专升本英语	A	限选	34	34		2									
	A03007	高等数学	A	限选	34	34		2									
	A03001	应用文写作	A	限选	34	34		2									
	A03008	人工智能与信息社会	A	限选	34	34		2									
	A03004	风骨——从西泠印社看中国文人的执着和坚守	A	限选	34	34		2									限选2学分
	A03009	大国工匠	A	限选	34	34		2									
	A03010	金石篆刻	A	限选	34	34		2									
	A03011	中国丝绸	A	限选	34	34		2									
	A03012	中式旗袍	A	限选	34	34		2									
	A03013	雕版印刷	A	限选	34	34		2									
	A03014	西湖油纸伞	A	限选	34	34		2									
	A03015	全形拓	A	限选	34	34		2									
	A03016	剪纸艺术	A	限选	34	34		2									

续表

课程分类	课程代码	课程名称	课程类别(A\B\C)	课程性质(必修/选修)	课时 共计	课时 理论教学	课时 实践教学	学分	考试学期	考查学期	学期分配周课时数 一	二	三	四	五	六	备注
公共基础课二	A03018	非物质文化遗产传习与经营概论	A	限选	34	34		2									限选2学分
	A03019	金石篆刻（双语）	A	限选	34	34		2									
	A03020	剪纸艺术（双语）	A	限选	34	34		2									
		模块1：文明起源与历史演变	A	选修	34	34											6学分
		模块2：人类思想与自我认知	A	选修	34	34											
		模块3：文学修养与艺术鉴赏	A	选修	34	34											
		模块4：科学发现与技术革新	A	选修	34	34											
		模块5：经济活动与社会管理	A	选修	34	34											
		模块6：国学经典与文化传承	A	选修	34	34											
		小计			731	401	330	37.5									
专业基础课	L02001	应用数学	A	必修	34	34		2	1		3						
	L02002	机械制图	A	必修	78	78		4.5	1		6						
	L02003	电路与电机	A	必修	84	84		5	1		6						
	L02004	互换性与测量技术	A	必修	42	42		2.5	2			3					
	L02150	电子技术	B	必修	68	26	42	4	2			6					
	L02125	电气控制与PLC	B	必修	68	42	26	4	3				6				

续表

课程分类	课程代码	课程名称	课程类别(A\B\C)	课程性质(必修/选修)	课时 共计	理论教学	实践教学	学分	考试学期	考查学期	一	二	三	四	五	六	备注
专业核心课		小计			374	306	68	22									
	L02125	电梯结构与原理	B	必修	68	42	26	4	2			6					
	L02126	工程力学	B	必修	68	58	10	4	4					6			
	L02127	电/扶梯控制技术	B	必修	68	40	28	4	3				6				
	L02128	电梯检测技术	B	必修	68	28	40	4	4					6			
	L02129	毕业综合实践环节	C	必修	400		400	16	6							16周	企业项目
		小计			672	168	504	32									
		合计			1777	875	902	91.5									
	L02011	电梯职业认知	A	选修	16	16		1		1	2						二选一
	L02013	电梯文化	A	选修	16	16		1		1	2						二选一
	L02014	零件测绘	C	选修	25		25	1		2	1周						二选一
	L02033	制图员考证培训	C	选修	25		25	1		2	1周						二选一
	L02238	金工实训	C	选修	50		50	2		3			2周				
	L02216	沟通与礼仪	A	选修	34	34		2		4				2			二选一
	L06045	应用文写作	A	选修	34	34		2		4				2			二选一
	L02019	AUTOCAD	C	选修	51		51	3		2		4					二选一
	L02219	计算机辅助设计	C	选修	51		51	3		2		4					二选一
	L02213	电梯控制柜元器件组装	C	选修	50		50	2		3			2周				技能培训

续表

课程分类	课程代码	课程名称	课程类别(A\B\C)	课程性质(必修/选修)	课时共计	理论教学	实践教学	学分	考试学期	考查学期	一	二	三	四	五	六	备注
	L02036	特种设备作业人员证	C	选修	25		25	1		4				1周			技能培训
	L02035	维修电工中级考证	C	选修	75		75	3		2		3周					技能培训
	L02021	液压气压传动与控制	B	选修	52	20	32	3		3			4				二选一
	L02410	机械传动	B	选修	52	20	32	3		3			4				
	L02026	单片机应用	B	选修	52	30	22	3		3			4				二选一
	L02025	典型传感器应用	B	选修	52	30	22	3		3			4				
	L02029	变频器与触摸屏应用技术	B	选修	52	30	22	3	4					4			
	L02401	电梯工程项目管理	B	选修	32	22	10	2		3			2				二选一
	L02133	电梯营销	B	选修	32	22	10	2		3			2				
	L02402	电梯法规标准	B	选修	32	22	10	2		4				2			二选一
	L02153	扶梯法规标准	B	选修	32	22	10	2		4				2			
	L02321	维修电工高级考证	C	选修	50		50	2		4				2周			技能培训
	L02334	电梯安装维修工中级考证	C	选修	50		50	2		5					2周		技能培训
	L02042	电梯安装与调试实训	C	选修	200		200	8		5					8周		二选一
	L02043	扶梯安装与调试实训	C	选修	200		200	8		5					8周		
	L02313	电梯保养与维修	C	选修	175		175	7		5					7周		二选一
	L02159	扶梯保养与维修	C	选修	175		175	7		5					7周		

续表

课程分类	课程代码	课程名称	课程类别(A\B\C)	课程性质(必修/选修)	课时			学分	考试学期	考查学期	学期分配周课时数						备注
					共计	理论教学	实践教学				一	二	三	四	五	六	
		小 计			1021	174	847	47			要求选修学分达到50以上						
		总 计			2798	1049	1749	138.5			31	28	24	22			

第二课堂素养养成教育见表7。

表7 第二课堂素养养成教育一览表

模块	项目类别		认定要求	分值	审核部门
A. 思想引领	1. 主题教育活动		活动记录、活动感悟	0.5分/次	学工部（团委）、二级学院
	2. 始业教育		专业认知报告	1分	二级学院
	3. 党校学习		党校结业证书	2分	组织部
	4. 最美杭职学子		证书	2分	学工部（团委）
	5. 学生干部领航班		结业证书	2分	学工部（团委）
	6. 职业生涯规划竞赛	省级奖	证书	3分	学工部（团委）
		校级奖	证书	1分	学工部（团委）
	7. 献血活动		献血证	0.5分/次	学工部（团委）
B. 劳动教育（社会实践）	1. 暑期社会实践		申报书	2分	学工部（团委）、二级学院
	2. 志愿者服务		活动登记记录	0.5分/次	学工部（团委）、二级学院
C. 校园文化艺术体育活动	1. 社团活动		社团活动出勤率达到75%	2分	学工部（团委）、二级学院
	2. 技能文化节、文化艺术节、社团文化节、运动会等活动		节目单、照片、获奖文件、证书	0.5分/次	学工部（团委）、二级学院
	3. 班级特色项目		活动记录、项目作品	1分	学工部（团委）
	4. 体育、文化、艺术类比赛	国家级奖	获奖文件、证书、奖牌	4分	主办部门
		省级奖项	获奖文件、证书、奖牌	3分	主办部门
		校级奖项	获奖文件、证书、奖牌	1分	主办部门
		参与	申报表、比赛记录	0.5分	主办部门
D. 创新创业	1. 专业类竞赛获奖	国家级奖项	获奖文件、证书、奖牌	5分	专业建设指导处
		省级奖项	获奖文件、证书、奖牌	3分	专业建设指导处
		校级奖项	获奖文件、证书、奖牌	1分	专业建设指导处

续表

模块	项目类别		认定要求	分值	审核部门
D. 创新创业	2. 创新创业类竞赛获奖	国家级奖项	获奖文件、证书、奖牌	5分	主办部门
		省级奖项	获奖文件、证书、奖牌	3分	主办部门
		校级奖项	获奖文件、证书、奖牌	1分	主办部门
		参与	申报表、比赛记录	0.5分	主办部门
	3. 省级新苗人才计划项目		立项文件、申报书	3分	学工部（团委）
	4. 导师工作室科技活动		活动记录与成果	2分	二级学院
	5. 公开发表作品	1. 公开发表学术类作品	期刊复印件	5分	科研处
		2. 专利	国家知识产权专利证书	8分	科研处

注：各专业根据所在二级学院实际情况，可以增补细化与完善，报专业建设指导处备案。

九、毕业学分要求

1. 学生应获得132学分方能毕业，其中：必修课76.5学分、选修课55.5学分。
2. 国家体质健康测试达标在50分以上。
3. 第二课堂素养养成教育分达到10分以上。

十、保障实施与说明

（一）教学条件要求

1. 师资团队配备标准

1.1　任职要求

（1）职业教育教学能力。

电梯工程技术专业课程设置以工程与应用为根据，特点是突出知识的应用和实践能力的培养，理论教学围绕应用而开设，"以必须、够用"为原则。专业课开设要以岗位为基础，课程内容要对应岗位和职责。因为电梯工程技术专业课程资料较少，又因为电梯工程技术专业面向的岗位的特殊性（特种设备），增加了教学难度。同时，在有限的学时之内，为了使学时获得从事电梯行业必备的理论知识和实践技能，这就要求教师通过电梯知识理论分析、诊断教材确定教学内容的重点、难点和关键点，对知识进行合理地取舍，同时又要保证每章节之间的知识连贯性，广泛引用新知，丰富教学内容，满足学生求知与发展的需求。

(2) 专业实践能力。

电梯工程技术专业以培养高素质高技能型电梯行业人才为目标，拥有一支丰富专业理论知识和高技能水平的师资队伍是实现培养目标的重要因素，建设具有电梯行业背景的"双师"素质的教师队伍是电梯工程技术专业的必要条件，是培养高素质高技能电梯人才的关键。

(3) 其他要求。

专任教师应具备：能胜任电梯工程技术专业课程的教学及实训环节的指导，对电梯法律法规、运行原理要基本掌握，能进行电梯日常维护及简单维修。

专业带头人应具备：带领电梯工程技术专业进行专业建设，围绕本专业的发展及时完成课程更新，同时带领专业教师进行电梯相关科研项目的启动。

骨干教师应具备：能胜任电梯工程技术专业核心课程的教学及实训环节的指导，对电梯法律法规、运行原理理解得非常清楚，能进行对电梯故障的诊断和简单问题改造。

兼职教师应具备：兼职教师的选择主要是来自电梯行业的企业技术骨干，他们一般在电梯行业有十年以上的从业经验，对电梯法律法规、运行原理、结构安装有深入的理解和认识。兼职教师以技能特长为选取原则，必须在电梯某一方面有深入的理解和认识，并不要求其有专业教师的业务基础和教学方法。

1.2 数量要求

生师比要求重点建设专业原则上达到16∶1，其他专业一般达到20∶1；（根据专业学生数，细化成具体数据）聘请一定数量的兼职教师，一般比例以承担专业课时为基数，达到25%~30%。

2. 教学设施配置标准

实训室（基地）功能与配置见表8。

表8 实训室（基地）功能与配置一览表

序号	实训室（基地）名称	功能	主要设备配置要求
1	电梯实训基地	完成电梯工程技术专业的校内实训环节	电梯直梯28台，扶梯4台
2	电梯维修保养实训室	完成对电梯\扶梯主要部件的电梯维修保养实训	电梯主机（有齿轮/无齿轮）6台，扶梯主机（立式/平铺）2台，控制柜1个，电梯模拟器2套，厅门系统8套，轿门系统5套，限速器9套，其他各部件若干等
3	电梯电气实训室	完成电梯电气控制实训	电梯电气实训及考核装置3套
4	机房实训室	完成电梯理论及软件部分学习	计算机50台
5	电梯控制柜拆装实训室	完成电梯控制柜元器件组装	电梯控制柜10台、扶梯控制柜5台、控制柜测试台各1台
6	电梯检测实训室	完成电梯检测实训学习	电梯检测仪器若干
7	电梯评估实训室	完成电梯风险评估学习	电梯老旧部件若干

3. 学习资源要求

主要课程教材使用建议见表9。

表9 主要课程教材使用建议表

序号	课程名称	推荐教材
1	电梯原理与构造	《电梯原理与结构》金新锋，北京理工大学出版社
2	电梯检测技术	《电梯检测技术》杭州职业技术学院校本教材
3	工程力学	《电梯维修与保养》杭州职业技术学院校本教材
4	电/扶梯控制技术	《电梯控制技术》叶安丽，机械工业出版社

（二）教学方法、手段与教学组织形式

（1）教学内容以岗位所要求掌握的技能为主，摆脱书本上讲结构、黑板上画线路、图纸上讲维修的模式。通过工作任务与职业能力分析，将电梯工程技术专业所面向的工作岗位要求的能力培养为依据，按照工作领域、工作任务和职业能力三个层级进行细化划分，从而设置相应的教学内容。专业依托浙江省特检院电梯实训基地、各家电梯行业龙头企业、杭州市公共实训基地先进制造中心，将电梯的安装、维保和改造技能培养全程融入实践环节中。

（2）电梯工程技术主岗为电梯的安装、维保与改造，由于岗位的特点，教学组织形式主要以电梯基地实训为主，部分理论课程的内容也将以电梯基地电梯为教学材料。对于实践性较高的课程，可以专兼教师共同教学的方式进行，有利于学生理论知识的理解和专业技能的掌握。

（三）教学评价与考核

由于电梯工程技术专业教学内容、教学组织形式的特点，其教学评价体系必然也有其自身的特点。在传统的评价体系中，理论考察权重最大，虽然客观却不能反映技能获取度。电梯工程属于特种设备行业，有一定的准入门栏，如果学生不能取得从业资格证等于被特种行业拒之门外。所以部分实训课程采用以证代考的方法进行评价。在部分理论课程中需结合企业专家对该学生在本门课程上技能掌握情况的意见进行考核。考核的目的在于帮助学生更好地掌握本专业理论课程知识和技能。

（四）教学管理与质量保障体系

1. 组织保障

实行学校、二级学院、专业组三级管理。学校由专业建设指导处（教务处）负责审核专业人才培养方案，出台相关保障措施并进行指导。

2. 制度保障

①教师考核。为有效推进工学结合，制订一系列强化教师激励机制和考核机制的方案，把是否有力推进工学结合人才培养模式及其成效作为教学部门考核和奖惩的重要依据。

②学生考核。在"教学做合一"教学模式下，对学生的考核强调了实践内容与生产现场接轨。理论知识够用为原则，教学做一体。课堂教学在专业总体教学学时中的比例不断下

降，理论知识不再强调学科系统性，转而以够用为原则，注重学生的实践能力，最后要求学生取得学历证书、学力证书、技能证书，从而确保毕业后与企业零距离对接。

3. 质量保障

为确保专业人才培养目标实现，提高人才培养质量，本专业从教学质量监控的目标体系、教学质量监控的组织体系、教学质量监控的方法体系、教学质量监控的制度体系四个方面构建教学质量保障与监控体系，落实教学过程实施全方位的指导、监控和评估，严格保证人才培养质量。

编制执笔人：　　　　　二级学院院长：　　　　　编制日期：

"痛"并快乐着：一名企业兼职教师蝶变成长之路

【特　　点】缪小锋是常驻杭职院的奥的斯公司金牌师傅。他从一个企业兼职教师，成长为荣获教学大赛一等奖的优秀教师，靠的就是严谨求学的信心、严于律己的决心、对待学生的耐心。学院发挥电梯工程技术专业群大批企业技师常驻学校的天然优势，建立了覆盖电梯产业链的专业兼职教师资源库，建设了一支以缪小锋为代表的"水平高、能力强、教学优"的兼职教师队伍。

【关 键 词】兼职教师，教学水平，协同育人，指导大赛

【案例内容】

一、案例背景

2021年8月20日，由浙江省教育厅主办的浙江省高职院校教学能力比赛在浙江金融职业院校落下帷幕。经过网络评审和线上决赛，特种设备学院的参赛作品"电梯曳引系统的检测与调整"获得一等奖，并被推荐至国赛。教学能力大赛是一场意志与体力的斗争，从年前的10月份就要开始备赛，跨过了寒冬，经历了酷暑，克服困难，放弃休息，全力备赛，他们是好样的。其中团队中就有一个兼职教师更是不简单，他就是常驻杭职院的奥的斯金牌师傅缪小锋。

竞赛团队成员（缪小锋右二）

从被质疑的实训兼职教师,到浙江省教师教学能力比赛一等奖获得者;从被嫌弃到同行赞誉的"金牌名师",再到指导学生参加大赛多次得冠……缪小锋在成为一名兼职教师的路上,经历了太多……记得刚刚上课的时候,一节课的内容通常只花二十多分钟就讲完了,明明已按照自己的思路,讲解得很清晰了,可是学生们却一脸茫然。缪小锋突然明白:自己完全不了解这些学生的思维方式,课上得真是太糟糕了。

痛定思痛后,缪小锋以一个专业教师的标准严格要求自己,通过各种培训不断提升自己,深度融入电梯工程技术专业的人才培养建设,不断尝试现代学徒制试点改革,积极参与电梯专业技能大赛及创新创业大赛指导工作,最终成为一名荣获教学能力大赛一等奖的优秀教师。

二、主要做法

一是鼓励并支持常驻教师考取教师资格证,提升教学水平。制定《企业兼职教师教学能力认证标准》,定期开展 TTT 培训(企业、培训师培训),提升企业技术人员课堂教学能力。电梯专业群兼职教师近 3 年参加 TTT 培训人员达 100%,兼职教师整体理论水平大幅提升。其中,缪小锋培训考核为优秀,并获得特种设备学院兼职教师教学能力大赛一等奖。

二是制定相关政策制度,"教师下企业,技师进课堂"。完善制定《电梯工程技术专业群常驻学校兼职教师管理办法》,完善对企业技师教学实效的考核,对教学优秀的教师,通过企业捐建的"电梯教育基金"给予奖励。制定《金牌师傅评定办法》等激励办法、提升一线技术师傅参与教学的积极性。通过政策文件的制定,兼职教师的积极主动性不断增强,责任心不断提升。缪小锋近 3 年考核 3 次均获得金牌师傅荣誉称号。

三是加强理论学习,坚守育人初心,勇担教育使命。在理论学习方面,通过多次政治理论学习,增强了兼职教师的历史使命感。从专业建设角度,发挥兼职教师丰富的企业经验,加强与专业教师形成优势互补,进一步推进现代学徒制试点改革,不断完善小班化、可视化教学制度。从课堂教学方面,兼职教师从开始的不管学生,到现在的严格管理,不断践行优化教学制度。从单纯的技术技能传授到创新思维、思政教育、工匠竞赛等的融入教学,使学生由被动学习转变为积极向上的主动学习,获得学生的一致好评。

缪小锋手把手传授技能

三、主要成效

（一）学生综合职业技能增强

近3年来，10余名兼职教师积极参与职业院校学生技能与创业大赛，共同指导学生获国家级竞赛奖23项72人次，其中，缪小锋老师指导的、获得省级以上大奖的大赛就多达10余项，与专任教师、学生共同授权专利7项，其中发明专利2项，获全国青年岗位能手1名，多次被国家级和省级媒体报道。

（二）专兼职教师互补队伍整体水平提升

近3年来，学校有2名兼职教师成功助力国家课程思政示范课程团队，3名兼职教师成功获批杭州市技能大师工作室，2名兼职教师参加省级教师教学大赛，分获一等奖和二等奖各1项，打造了具有卓越教学能力、岗位实战能力和技术研发能力的"双师型结构化"高水平师资团队。

学院发挥电梯工程技术专业群大批企业技师常驻学校的天然优势，建立了覆盖电梯产业链的专业兼职教师资源库，建设了一支以缪小锋为代表的"水平高、能力强、教学优"的兼职教师队伍。

授权国家专利证书（部分）

星火漫天，温暖同行：践行精准扶贫战略电梯项目纪实

【特　　点】 杭州职业技术学院积极投身全面推进乡村振兴新时代国家战略，坚持"培养人才、服务社会"的基本宗旨，助力帮扶贵州、甘肃、云南等中西部12省份贫困地区学员，定点精准扶贫模式入选教育部《高校定点扶贫典型案例集》，得到了国务院扶贫办的充分认可，并获时任省长车俊批示肯定。

【关 键 词】 精准扶贫、免费培训、电梯技术培训

【案例内容】

一、主要做法

（一）职教担当

习近平总书记提出"全面建成小康社会，一个不能少；共同富裕路上，一个不能掉队。责重山岳，时不我待。唯有迎难而上、一鼓作气，举全党全国之力，撸起袖子加油干，落实好精准扶贫、精准脱贫，才能做到脱真贫、真脱贫，使全面建成小康社会得到人民认可、经得起历史检验，为实现第一个百年奋斗目标奠定坚实基础。"在实施精准扶贫、走向共同富裕道路上，职业教育大有可为、大有作为。杭州职业技术学院积极响应国家战略，充分展现中国职教头雁风采。

（二）杭职行动

2018年5月，杭州职业技术学院迎来了13名特殊学生，他们分别来自云南、四川两省国家级贫困县，又是当地建档立卡的贫困家庭。这些孩子由当地中华职教社推选，赴杭参加电梯技术人才培训，这是杭州市中华职教社联手杭职院、浙江省特科院开展的一项围绕技能型人才定向培养的精准扶贫项目，这项温暖工程项目被形象地称为"星火计划"，因为我们共同期待着星星之火可以燎原的那一天。

"骗子的圈套。"

19岁的丁聪聪，来自四川广元，他的家庭状况其实就是这批孩子们现状的缩影。

9岁时，父亲病逝，妈妈独自抚养他和弟弟。在他来杭州之前，一家三口唯一的经济来

源，是妈妈在服装厂流水线上打工赚到的每月不足 3 000 元。同年 4 月，他刚刚完成了 3 年的中职学习，并且拿到了乐山职业技术学院的录取通知书。但是，继续上学并不在他的计划之内，因为他一早就跟自己算过一笔账，如果去上学，一年至少要花掉一两万，再加上弟弟读初中的开销，妈妈一个人无力承担。所以他决定要跟着妈妈去服装厂工作，虽然妈妈强烈反对，但多个人赚钱确实能为家里减轻些压力。被问起是否会觉得遗憾，他笑着说："以后还能有机会吧。"

就在出发去服装厂的前一天，丁聪聪接到了学校老师的电话，被告知了到杭职院学习电梯技术的扶贫项目。"免费培养、定向就业"，他马上把这个消息告诉妈妈，可是妈妈认定这一定是"骗子的圈套"。免费培训，管吃管住，可以到国内最好的电梯企业就业，起薪 4 000 元，想家了还可以安排回当地就业，并保持在杭州的收入水平……妈妈没有理由相信，这些好事会一股脑砸在他们头上。

授人以鱼，不如授人以渔。

职教扶贫，技能扶贫，授之以渔，才能切断贫穷的代际传递，才不会让贫困去而复返。"星火计划"的实施，对于贫困地区的孩子来说，不仅仅是为脱贫开辟了一个更好的出路，而且还为放飞他们心中的梦想提供了可能。

5 月 1 日，丁聪聪和其他 5 名来自四川的学生跟随带队老师来到杭州，这是他第一次出远门，也是第一次坐飞机。同一时间，另外 7 个孩子正从云南赶来。

在开学典礼上，丁聪聪作为学生代表发言。他说："有人说这是一个梦想的时代，每个人都是梦想家，我们都是追梦者。我们来到杭州学习，都带着一个学到真本领。找到好工作的梦想。能入读电梯培训班就是启航了我们的梦想小船。"

时间紧、任务重，是这次电梯培训项目的特点。学校联合西奥电梯企业对孩子们的培训和实习做了紧凑而又合理的安排。5 月 4 日，为期两个月的学习拉开帷幕。冒着酷暑，他们接受了系统的"做中学"培训，顺利完成了实训课程，掌握了电梯维修的技能，也拿到了上岗资格证，这群孩子已经向着自己的梦想正式出发。

"贫穷不是我的错，但我一定要改变它"。

7 月，13 名学生全部西奥电梯有限公司完成签约，公司按照每个孩子的个人志愿，安排实习单位。丁聪聪在杭州实习 2 个月后转正，分配到了位于绍兴的分公司。

他在日记中写道："贫穷不是我的错，但我一定要改变它"。

现在的他，跟师傅两个人负责一个小区的 50 台电梯。上个月整个小区突然停电，他和师傅需要爬楼梯去一个一个打开电梯的门解救被困居民，这让他觉得自己的工作虽然辛苦但是很有意义。

谈到现状，他骄傲地说："从离开家到杭州培训，我再也没向家里要过钱，我现在赚的比妈妈还多。"过年回家，丁聪聪用自己的工资给弟弟买了新书包、新文具，给妈妈买了一条项链。在他的印象中，这是妈妈第一次戴项链。他告诉妈妈，现在想吃什么就吃什么，不用像以前那么舍不得。

谈到未来，他说总觉得自己会的还不够多，能力还不够强，"等我掌握更多的知识和本领，就回家去造福家乡人民，也让妈妈和弟弟过更好的生活！"

(三) 未来使命

学校通过该项目实现了培养人才、服务社会的基本宗旨，先后帮扶贵州、甘肃、云南等中西部 12 省份贫困地区 26 所职业院校，先后为 300 多名西部贫困学生开展电梯维修技能培训，累计撬动各级扶贫办、教育部门和社会组织投入资金 406 万，助力 300 个贫困家庭实现脱贫。定点精准扶贫模式入选教育部《高校定点扶贫典型案例集》，得到了国务院扶贫办的充分认可，并获时任省长车俊批示肯定。荣获中华职教社温暖工程实施二十五周年优秀组织管理奖，全国职业院校决胜脱贫攻坚"先进集体"。

职业教育一头连着教育、一头连着产业，承担着"使无业者有业、使有业者乐业"的使命，让每个人都有人生出彩的机会，都有梦想成真的机会。在乡村振兴、共同富裕的道路上，杭州职业技术学院将坚定扛起为党育人、为国育才使命，砥砺奋进、勇毅前行。

"学院+工坊+学堂":打造电梯职业教育国际化品牌

【特　点】通过建设"学院+工坊+学堂"(丝路学院、鲁班工坊、西泠学堂),开展学历教育和职业培训,建立技术技能培训中心,加强中非文化交流,为南非当地企业培养高水平、高素质、专业型管理人才,为浙商企业"走出去"培养高素质技术技能人才,也为浙商企业在外招工难和解决非洲当地青年就业等问题贡献杭职力量。

【关　键　词】"学院+工坊+学堂",职业培训,走出去,招工难

【案例内容】

一、案例背景

电梯工程技术专业群紧紧抓住中非合作的有利契机,大力推进对非职业教育交流与合作,服务浙江企业"走出去",为助力"一带一路"建设贡献职教力量。新成立的"丝路学院"下设"鲁班工坊"和"西泠学堂"。从2019到2021年,专业群通过"学院+工坊+学堂"(丝路学院、鲁班工坊、西泠学堂),开展学历教育和职业培训,建立技术技能培训中心,加强中非文化交流,为南非当地企业培养高水平、高素质、专业型管理人才,为浙商企业"走出去"培养高素质技术技能人才,解决浙商企业在外招工难和非洲当地青年就业等问题。

二、主要做法

(一)共建"丝路学院",打造国际电梯合作联盟

电梯工程技术专业联合行业、企业与南非东开普中心职院共同组建"丝路学院",成立国际电梯职业教育合作联盟。围绕南非产业发展及在南非中资企业急需的技术技能人才,服务企业用工的属地化培养。专业群为南非东开普中心职院制定电梯工程技术专业人才培养方案,定期召开课程建设、教学管理研讨会,提供课程专业标准、授课计划、教学大纲、教材样本等优质教学资源。

(二)引进海外学生,构建"技能+文化"培养体系

专业群充分发挥"丝路学院"和"鲁班工坊"优势,整合资源,为服务南非产业发展

提供人才支持。根据南非产业及在南非的中资企业发展需求招收相关专业的留学生，为留学生开设"技能＋文化"学习项目，并为来华留学生申请杭州市来华留学政府奖学金。同时积极对接在南非的中资企业，为留学生安排了顶岗实习和就业岗位。

（三）搭建国际平台，开展电梯职业技能培训

依托专业群技能培训的特色优势和电梯工程技术专业国际教学资源库，根据南非产业发展需求，"丝路学院"开展了多类型、多层次、线上线下的职业技能培训。培训对象有学校师生、企业高管、技术人员、政府官员等。

三、主要成效

（一）实现了专业群优质资源国际化输出

通过"丝路学院"和"鲁班工坊"，为南非、尼日利亚、柬埔寨等国家十多所当地职业院校开展学历教育和职业培训，建立技术技能培训中心，加强中非文化交流，为一带一路国家当地企业培养高水平、高素质、专业型管理人才，为浙商企业"走出去"培养高素质技术技能人才和解决浙商企业在外招工难，以及非洲当地青年就业等问题发挥了重要作用。

（二）打造了影响力广泛的留学生品牌

第一批南非留学生半年时间在杭职院学习电梯工程技术理论知识，半年时间在与杭职院深度合作的中国500强、民族第一品牌——杭州西奥电梯有限公司实习，通过理论与实践的双重学习，牢牢掌握电梯维修与保养技术。这19名南非留学生都参加了中国电梯企业的面试，其中15人已被企业成功录用，在回国后直接到中国企业的南非分公司就业。南非留学生项目不仅加深了中国和南非学生的友谊，近80%的留学生结业后直接入职中国企业南非工厂重要岗位，超高就业率也吸引了来自南非开普敦市政府、南非工业和制造培训署的关注。《致力于培养南非本土化人才》入选"十三五"中非合作经典案例集，学校连续两年荣获"亚太职业院校影响力50强"院校。

南非工业和制造培训署副署长亚当斯看望留学生

（三）输出了电梯工程技术专业国际标准

专业群通过与省特科院、国内外知名企业、龙头企业成立合作联盟，为"一带一路"国家职业院校合作开发了电梯培训类国际化专业标准和课程标准。应对疫情影响开通了线上国际电梯学习交流线上平台。今年来，专业群通过国际电梯职业教育合作联盟为非洲合作院校开发课程5门，输出国际化专业标准8个。

砥砺技能成匠才，高端就业受青睐

【特　　点】 杭州职业技术学院以学生"体面就业"为目标，培养能够吃苦耐劳、任劳任怨、成绩卓越且具有"工匠精神"技能型人才，学生综合素质高，用人单位对学生的满意度极高，综合评价优秀，深受用人单位和社会的青睐。

【关 键 词】 工匠精神，体面就业，保驾护航，深受青睐

【案例内容】

一、实施背景

习近平总书记指出："就业是最大的民生工程、民心工程、根基工程，是社会稳定的重要保障，必须抓紧抓实抓好。"新修订的《中华人民共和国职业教育法》也提出，进一步推动职业教育与就业紧密结合。高职院校毕业生既要从技能上胜任就业岗位，又要具备一定的职业认同感和企业认同感这种职业素养，这样职业教育育人才能更加全方位匹配企业就业需求，助力企业创造更辉煌的业绩。

二、主要做法

杭职院以学生"体面就业"为目标，培养具有"工匠精神"的技能型人才，学生以扎实的理论基础和过硬的专业技能走向社会，大部分学生入职于国内知名企事业单位。学生吃苦耐劳，任劳任怨，勇担社会责任，积极工作，成绩卓越。由于学生综合素质高，深受用人单位和社会的青睐，单位对学生的满意度极高，综合评价优秀。

纾困维安："电梯卫士"勇闯疫区

"有两个要做手术的病人，被关在电梯里了。"2020年2月初，从浙江省中医院13楼传出的紧急救援任务，再一次把江涛呼叫了过去。

江涛是杭州职业技术学院电梯工程技术专业2019届毕业生，目前在杭州某电梯企业工作，肩负着市一医院、省中医院等重要场所的电梯招修响应工作。

"有同事因为封路无法返回杭州，现在这个片区只有两个人，我们得轮流值守。"毕业仅半年，江涛在工作上已经独当一面，能熟练应对解决电梯里发生的各种状况。只是远在安徽老家的妈妈每天都打来电话叮嘱他，去医院工作的时候要注意安全。

与江涛一样，杭职院电梯工程技术专业 2018 届毕业生陈钢每天也是通过电话向临安的家人报平安。他还没出校门就拥有企业认证的"绿带"资质，目前负责萧山某小区 100 多台电梯的维保维修工作。

尽管最近疫情严重、小区封闭、电梯使用率下降，但出故障的电梯并不少。2 月 5 日下午，陈钢接到通知前去医院维修电梯。

"电梯显示'驻停'，但又没找到异物，直到我看到锁梯盒外的水渍，才判断出应该是渗入了消毒水。"陈钢说，疫情期间居民对电梯的卫生安全很重视，而他们作为电梯维保人员，更要确保电梯的运行安全。找到问题后，陈钢很快解决了电梯问题。作为维修技术人员，他也现场提醒，最近抗疫期间电梯消毒都比较多，一定要留意电梯关键部位，以免故障。

随着城市越来越"立体"发展，电梯维修维保工作也越来越重要。疫情当前，景点可以关闭，车站可以关闭，企业工厂可以延后返工，但电梯维保人员必须随时待命。因为技术过硬、业务熟练，杭职院电梯工程专业不少毕业生正全天候值守在杭州、宁波等多地的电梯维保岗位，处理应急救援、巡视检查维修、协助电梯消毒，为保障城市公共安全而战，为我们的城市保驾护航。

赛课并重："特种学子"体面就业

杭职院注重理实一体化教学，在校期间，积极开展校内各种专业技能比赛的同时，鼓励特种学子参与省市级乃至国家级的专业技能比赛，课程中安排大量的实操训练，培养学生实践能力。此外，更是安排学生进入企业参观，加深他们对岗位的认识，清晰自己的职业规划。实习期，更是安排指导老师，指导和帮助学生，让学生们亲自参与企业的日常工作，积累工作经验的同时提升自身技术及职业素养，为学生们更好、更快地融入企业铺平道路。

特种设备学院目前共有 4 个专业，分别是机电一体化技术、电梯工程技术、机械设计与制造和工业机器人。目前每年为社会输送近千名毕业生，由于专业的特殊性和紧缺性，每年毕业季，用人单位纷纷向学院投来橄榄枝，希望学院能为企业推荐优秀毕业生，加入企事业单位的"家庭"中去。学院应社会各界的要求，向国内多家知名企业推荐了一批批优秀的毕业生。特种现代学徒制班学生 80% 进入世界 500 强企业。

三、成果成效

进入企事业单位工作的毕业生们以扎实的理论基础和过硬的专业技能，深受用人单位的喜欢，不少同学在进入企业后，由于出色的表现，得到企业的高度认可。据统计，在 2020 届毕业生就业情况调查中，95% 的用人单位对电梯专业毕业生的工作表现感到满意，97.5% 的用人单位对电梯专业毕业生的专业水平感到满意，用人单位对电梯专业群整体的满意度为 95%，其中 67.5% 表示"非常满意"，20% 表示"满意"；在 2021 届毕业生就业情况调查中，97.5% 的用人单位对电梯专业毕业生的工作表现感到满意，96.15% 的用人单位对电梯专业毕业生的专业水平感到满意，用人单位对电梯专业群整体的满意度为 97.5%，其中 46.15% 表示"非常满意"，46.15% 表示"满意"。企业方代表奥的斯电梯（中国）有限责任公司表示特种学子在实习期，认真刻苦，吃苦耐劳，很有上进心，能够积极正确地处理工作中的各种困难；入职后，能够虚心请教前辈，善于思考，责任心强，能很快地融入集体当中，在时间紧迫的情况，能够加时加班完成任务，充分展现了个人职业素养和综合能力，希望在今后招聘中加大合作力度，吸纳更多的人才储备，在更深层次的校企合作中获得双赢。

以赛育才，让每个孩子都有人生出彩的机会

【特　　点】大赛点亮人生，打造新时代双高院校高端技能型人才培养新模式。杭州职业技术学院通过技能大赛促进人才培养的路径实施，促进了学院职业技能竞赛水平的进一步提升，形成了人才选拔动员、阶段性分期指导，赛前心理辅导，培养拔尖创新人才的新机制。

【关 键 词】学生遴选机制，阶段训练指导，赛前心理辅导

【案例内容】

一、案例背景

《中共中央关于制定国民经济和社会发展第十四个五年规划和二〇三五年远景目标的建议》明确了"增强职业技术教育适应性，深化职普融通、产教融合、校企合作，探索中国特色学徒制，大力培养技术技能人才"的方针。经过多年积累，我国高等职业教育改革不断深化，人才培养模式不断创新，但仍未实现人才培养与企业需求的无缝对接，原因之一是拔尖技术技能人才培养体系不健全。在建设创新强国战略背景下，高职院校开展拔尖技术技能人才培养工作，既是高等职业教育发展的必然趋势，也是我国社会经济发展的必然需求。

二、主要做法

（一）健全选拔遴选机制

杭州职业技术学院重在以赛育才，秉着让每个孩子都有人生出彩机会的理念，在全校范围内召集所有感兴趣的学生加入训练队伍，强化基础训练，有针对性地专项指导，再从中精心筛选，择优参赛。选苗的原则包括：（1）良好的思想素质和进取精神；（2）坚实的基础和"好胜"意识；（3）健康的体魄和拼搏精神；（4）良好的心理素质和思维习惯。

（二）优化训练指导机制

学校因材制订竞赛辅导计划，组织开展日常培训辅导，形成了长期辅导学生参加竞赛的科学规范训练计划。指导教师会分析竞赛的主题内容，根据内容厘清需要掌握的知识点，进

而对竞赛辅导进行阶段性划分,有针对性地展开训练,仔细分析竞赛项目的重点和难点,并根据学生的自身条件,为学生制订详细的训练计划及日常安排。

（三）强化心理辅导机制

学校非常注重学生的赛前心理辅导,提高学生的竞赛心理承受能力。考虑到面对激烈竞争,学生难免会出现紧张不安和焦虑现象,影响比赛的正常发挥。为此,学校专门配备的心理指导教师会根据不同学生的不同情况,进行心理辅导,确保学生以稳定的心态在赛场上充分发挥取得佳绩。

（四）完善激励保障机制

学校构建了竞赛驱动机制,先后出台了《学生科技竞赛管理办法》《学生课外科技活动奖励及指导教师工作量计算办法》《学生专利创造活动促进办法》等一系列规章制度,为学生参与竞赛、科技创新活动以及教师指导学生参与竞赛提供了强有力的支持。

三、主要成效

在学校相关激励政策的指导下,学校形成了以赛促学、以赛促教,提升学生多视角多层次多维度解决问题能力的培养范式。据统计,近三年学生国家级竞赛获奖23项72人次,省级竞赛获奖100余人次,如参加一带一路国家技能发展与技术创新大赛一等奖,全国"高职组智能电梯装调与维护"竞赛团体赛二等奖等,获奖覆盖面广、参与度高、受益面宽。

附：典型案例

2021年特种设备学院电梯专业学生陈言、曹益平,指导老师崔富义、刘富海组成的浙江队,参加了全国职业院校技能大赛高职组"智能电梯装调与维护"赛项比赛,与全国30支代表队同台竞技,总分第四,荣获国赛二等奖。

初次见到陈言、曹益平时,便被他们沉着稳重的心理素质所吸引。两名同学无论是对"智能电梯装调与维护"基础理论知识的掌握,还是对智能电梯维护与修理方面的见解,都彰显出他们的独特智慧和对技能的深刻理解。

陈言说:"学习技能没有捷径可走,必须勤学苦练,并始终保持强大信心和毅力,才可以学有所成。"两位同学正是拥有了肯吃苦、不怕吃苦的精神,才取得了今日的好成绩。该赛项重点考核学生电梯机械系统安装与调整、电气控制系统安装与接线和电梯运行维护等综合应用能力。两名选手每天都比老师规定的时间早到半小时,加班加点进行模拟编程、装配,他们对待问题一丝不苟、不愿放过任何一个细节,时刻谨记老师的教导,虚心接受老师的点评。

比赛前夕,两位选手几次模拟效果不很理想。面对错综复杂的线路、紧张的时间、各方的压力,焦虑无时无刻不压在心头。一次接线失误,他们不得不从头再来,正所谓千锤百炼。在老师的鼓励和指导下,他们无论遭遇何种困难,都能以从容淡定、沉着冷静的心态来面对问题,最终力克困难,脱颖而出。

任何事业的成功都需要良好的合作。两位同学能取得骄人的成绩,一方面是因为他们练就了炉火纯青的技能，另一方面得益于两人默契的配合。师傅领进门，修行靠个人。陈言、曹益平是从2019、2020级学生中选拔出的优秀学生，由学院骨干教师和实践经验丰富的驻校企业技师联合进行全面指导，凸显了行校企深度合作的师资优势。

陈言说："比赛时间长达5个多小时，老师们一直陪着我们，与我们进行心与心的互动。"曹益平说："比赛锻炼了我们的意志，让我们充分认识到承担责任以及团队合作的重要性。"

后　记

　　职业教育具有跨界属性，在遵循教育规律和认知规律的同时，还要遵循职业发展规律和职业成长规律。产教融合、校企跨界合作协同育人，技术技能成长是职业教育的办学规律所在。优化职业教育产教融合、合作育人，需要搭建更清晰的合作平台，在明确各方权责利的条件下，将各方的合作与共享落实在内涵建设的更深层次上，形成行业企业积极参与人才培养、学校主动承担区域创新引擎责任的良性互动格局。本著作针对高职电梯类技术技能人才培养现实困境，以教育生态学及协同发展等理论为基础，充分发挥行业、企业和政府在技能人才培养体系中的作用，构建独具特色的高职电梯类技术技能人才培养生态体系，为电梯专业人才培养的改革提供了动力和方向。

　　一本著作的完成凝结着许多人的默默努力，凝聚着许多人的心血，闪耀着集体的智慧。本书在策划和写作过程中，得到了行业企业的关怀与帮助，在此向他们致以诚挚的谢意：感谢浙江省特种设备科学研究院、杭州西奥电梯有限公司、奥的斯机电电梯有限公司、杭州容安特种设备职业技能培训有限公司等合作企业，感谢他们与我校一起多元联动共同倾力打造"行校企共同体"。值得欣慰的是，经多年努力，"行校企共同体"之特种设备学院已逐渐打造成为中国高职教育界和中国特种行业界一颗耀眼的新星。

　　同时也要感谢参与写作的教师们，是他们用知识、耐心、执着和付出，用他们的严谨治学，记录并还原了特种设备学院"行校企共同体"的发展历程，书中呈现的鲜活例证，闪烁的智慧结晶，在不断丰富着职业教育学的样本库……这将成为整个中国职业教育界共同的财富。

　　努力的过程是一种收获，完成此著作的撰写工作的过程更是一种收获。在收获之余，我们心中也充满了感恩。希望大家的期待和关心不会空付，相信大家智慧的价值不会磨灭！

参考文献

[1] 朱德全，杨鸿副．教学研究方法论[M]．北京：人民教育出版社，2012.

[2] 范国睿．教育生态学[M]．北京：人民教育出版社，2014.

[3] 蕾切尔·卡逊．寂静的春天[M]．纽约：纽约时报，1962.

[4] 马传栋．生态经济学[M]．济南：山东人民出版社，1986.

[5] 克雷明．公共教育[M]．纽约基础书籍有限出版公司，1976.

[6] 吴林富．教育生态系统[M]．天津：天津教育出版社，2006.

[7] 刘贵华，朱小蔓．试论生态学对于教育研究的适切性[J]．教育研究，2007（7）．

[8] 杨同毅．高等学校人才培养质量的生态学解析[D]．华中科技大学，2010.

[9] 余珊珊．西部地区高等教育结构的生态分析[D]．广西师范大学，2005.

[10] 贺祖斌．高等教育生态论[M]．桂林：广西师范大学出版社，2005.

[11] 史国君．构建"因业施教"应用型人才培养生态[J]．中国高校科技，2019（4）：56-59.

[12] 丁钢．论高职教育的生态发展[J]．高等教育研究，2014，35（5）：55-62.

[13] 何碧漪．基于生态视角的高职院校教育生态及其价值意蕴研究[J]．职业教育研究，2021（7）：60-64.

[14] 韩香云．生态系统视域下高职校企协同探索[J]．教育与职业，2016（24）：32-34.

[15] 许秀林．高职产教融合微型育人生态圈研究与实践[J]．职业教育研究，2021（9）：25-29.

[16] 危浪．职业教育深化产教融合的系统基模分析[J]．湖南工业职业技术学院学报，2021，21（6）：98-101+127.

[17] 詹华山．新时期职业教育产教融合共同体的构建[J]．教育与职业，2020（5）：5-12.

[18] 肖伟平，张继涛，周庆华．高职教育电梯专业人才培养体系的构建研究——以中山职业技术学院电梯学院办学实践为例[J]．职业教育研究，2019（12）：51-57.

[19] 孙兵，周启忠．职业教育育训共同体的构建与实践探索[J]．江苏工程职业技术学院学报，2020，20（4）：79-85.

[20] 马电，袁珊娜．职业教育集团平台下政校企行共建产业学院研究——以中山市专业镇特色产业职业教育集团为例[J]．南宁职业技术学院学报，2021，29（2）：27-31.

［21］罗纲，朱霞，付学敏，曹选平．高职电梯工程技术专业现代学徒制实施方案——以成都纺织高等专科学校为例［J］．中国电梯，2021，32（22）：67-69.

［22］戴海东，张丽娜，陈传周．产教融合视域下"多元融合多维互嵌"的数字安防人才培养生态圈研究与实践［J］．中国职业技术教育，2021（16）：90-93.

［23］马幸福．对提升高职院校电梯工程技术专业社会服务职能的探索——以湖南电气职业技术学院为例［J］．中国电梯，2018，29（20）：40-42.

［24］张良，朱学超，刘旭．高职院校电梯专业建设研究——以苏州市职业大学为例［J］．科技与创新，2019（15）：26-28.

［25］王羽菲，祁占勇．国外职业教育产教融合政策的基本特点与启示［J］．教育与职业，2020（23）：21-28.

［26］李文静，吴全全．德国"职业教育4.0"数字化建设的背景与举措［J］．比较教育研究，2021，43（5）：98-104.

［27］伍慧萍．当前德国职业教育改革维度及其发展现状［J］．比较教育研究，2021，43（10）：38-46+54.

［28］王坤，王文殊．法国职业教育特点及启示［J］．徐州工程学院学报（社会科学版），2021，36（5）：94-102.

［29］吴雪萍，于舒楠．法国职业教育改革探析［J］．中国职业技术教育，2017（9）：82-86+92.

［30］卿中全．新加坡职业教育发展述评：探索、改革与经验［J］．高等工程教育研究，2018（2）：195-200.

［31］尚端武．产教融合视角下职业教育校企"双元"良性育人生态模式的内在价值及其"多链"分析［A］．华南教育信息化研究经验交流会2021论文汇编（三）［C］，2021：919-920.

［32］张志平．职业教育产教融合2.0时代的内涵演进、应然追寻、实然状态与路径抉择［J］．成人教育，2022，42（3）：66-73.

［33］任天笑．以标准化带动电梯行业全面发展［J］．建设科技，2006（1）：63.

［34］徐国庆．"双高计划"高职院校建设应主要面向高职教育发展的重难点［J］．职教发展研究，2020（1）：1-7.

［35］王威，罗嘉嘉，李玮．高水平院校提升服务区域经济发展能力的路径［J］．经济师，2022（2）：190-193.

［36］上海教育科学研究院，麦可思研究院．2019中国高等职业教育质量年度报告［M］．北京：高等教育出版社，2019.

［37］中国科技成果管理委员会，国家科技评估中心，等．中国科技成果转化年度报告2018［M］．北京：科学技术文献出版社，2019.

［38］陈路，刘鸿程，黄丽．高职院校技术技能创新服务平台建设探索［J］．岳阳职业技术学院学报，2019，34（6）：10.

［39］王小梅，周详，范笑仙，等．2016年全国高校高职教育科研论文统计分析——基于22家教育类中文核心期刊的发文情况［J］．中国高教研究，2017（12）.

［40］姜瑜．温职院发明专利授权数量高居全国高职院校榜首［N］．浙江工人日报，

2019-08-22(3).

[41] 陈世华. 高职院校专利成果转化困境及应对策略研究[J]. 南通航运职业技术学院学报, 2017(4): 93.

[42] 钱建国. 文化育人的内涵、价值及策略[J]. 江苏教育, 2018(15).

[43] 王殿安. 校企融合文化育人研究[J]. 机械职业教育, 2013(4).